インプレスR&D ［NextPublishing］ New Thinking and New Ways
E-Book / Print Book

「第5次エネルギー基本計画」を読み解く
その欠陥と、あるべきエネルギー政策の姿

山家 公雄 著

世界で再エネの劇的な普及が進む中、第5次計画では
◎2030年は3年前の数字を変えずに検討
◎火力・化石資源偏重、原子力維持、再エネ制約
◎水素・蓄電池への過度な期待
◎2050年は全方位の可能性を示し数値なし
それで良いのか？そして本来どうあるべきなのかを示す。

impress R&D
An Impress Group Company

JN206655

はじめに

◆記録的猛暑は太陽光でカバー

　2018年の夏は猛暑と大水害を同時に経験した。日本だけでなく、世界が異常気象を経験している。北半球は多くの地域で熱波に見舞われている。温暖化現象はいよいよリアリティをもつようになり、再生可能エネルギー（太陽光、風力、地熱、水力、バイオマス）に対する期待は高まる。再エネは、環境価値やコスト急落により、世界で爆発的に増加している。2017年末時点の風力発電、太陽光発電の導入累積量は、風力で5億4000万kW、太陽光で3億kWを記録した。設備容量ベースであるが、100万kWの大型発電所840基分である。

　日本は、観測史上例を見ない熱波が到来し、埼玉県熊谷市で41.1℃の最高気温を記録したほか、40℃前後の記録が相次ぎ、珍しい現象ではなくなった。熱中症にかかった方も多い。冷房を切らないような注意勧告が行われ、家電販売店ではエアコンの在庫がなくなった。それにも拘わらず、節電要請は出ない。原発再稼働が少数に留まっているにもかかわらずだ。

　最大の要因は太陽光発電の普及である。固定価格買取制度（FIT: Feed in Tariff）導入効果により、太陽光発電導入量は急増し、2017年12月末時点で4300万kWもの水準となった。100万kW級原発43基分である。猛暑のときは、太陽光は最も活発に発電しており、既存電源の不足を十分カバーしているのだ。太陽光は累増する再エネ賦課金の元凶として、よく批判されるが、電力会社はこの存在に感謝していると思われる。

◆再エネ発電事業量は原発110基分

　2017年12月時点の数字であるが、FIT認定を受けた再エネ発電事業量は9100万kWとなった。FIT導入前の累積導入量2100万kWを加えると設備容量ベースで100万kW原発110基分である。送電線の接続制約はあるし、太陽光のFIT認定取り消しも出てきているが、驚異的な水準と言

える。風力発電の環境アセスメント実施中の案件や送電線増強を前提に募集している案件まで加えると、2030年の再エネ導入目標値を計算上は上回る。送電線は、データ上はかなり空いており、運用の変更で空容量が出てくれば、2030年の再エネ導入目標値の実現の可能性は十分にある。

◆EUは2030年に再エネ50〜60％に

　世界は、はるかに先行している。発電設備容量の純増を見ると、2016年度は再エネが8割を占めた。IEAの予測でも2040年までの発電投資の3/4は再エネとなっている。

　先行するEUでは、発電に占める再エネの割合は既に3割を記録し、2030年までに50〜60％とする目標を定めた。EUは、2009年に、2050年までに温室効果ガスを8割以上削減することを決めた。その際に再エネ・省エネを主軸とする対策・戦略を定め、その後一貫して強い意志で実行してきている。再エネコスト削減、省エネ推進に果たしたEUの役割は大きい。

◆第5次エネルギー基本計画の特異性

　このような状況下、我が国においてエネルギー基本計画が改定された。日本のエネルギー政策の基本は、文字通りこのエネルギー基本計画にある。

　第4次エネルギー基本計画は2014年4月に策定され、2015年7月にはそれを数字で裏付ける長期エネルギー需給見通しが策定された。その2014年の4年目となる2018年7月3日に第5次エネルギー基本計画が閣議決定された。その第5次エネルギー基本計画の中では目標年度である2030年は第4次計画と同じで、目標値も変わらなかった。従って、各資源の位置付けや政策の考え方も変わっていない。

　第5次計画の策定においては、2050年断面についても有識者を集めて議論された。しかし、革新的技術に関して不確定要素が多いという理由で骨太の筋書きは描かれず、数値も示されなかった。再エネ、原子力、火力、分散型システムなどの中の革新技術の勝者は決めきれないという前提

で横一線の選択肢となり、これを今後検証していくという主張であった。

　そして、革新技術の代表として水素と蓄電池が随所で強調され、既存資源・システムを支える救世主の役割を果たすとされている。その気持ちは分かるが、風呂敷を広げすぎの感が否めない。主役となる再エネを補完する役割としては説得力をもつが、そうだとしても技術開発、インフラ整備、コスト低下に要する時間を考えると、既存インフラである送電網利用や市場を利用した効率的運用の追求が先行するはずである。

　前述の「決められない前提」の下で、旧来の考えが復活した印象を受けた。筆者は、2030年断面よりも2050年断面のほうが保守的な内容と感じられた。

　このような中、第5次エネルギー基本計画を解説、評価することは難しい。エネルギーを巡る環境が激変しているなかで、第4次計画と中身が変わっていないのだ。辛うじて、再エネを「主力電源」に昇格させている点が目新しい。政府もそれを強調しており、メディアも他に書くことがないので採用する。その再エネにしても、目標値は変わらず、主力化が実現するためには様々な課題を解決することを前提としている。

　一方、委員会での議論が終わり、パブリックコメントの期限が迫るころにプルトニウム削減の議論が米国発で唐突に登場し、第5次計画に「プルトニウム削減に取り組む」という文言が入った。第4次計画との明確な変更点はこれが唯一とも言える。この部分は原子力政策や原子力産業の在り方に大きな変更をもたらす可能性のある論点だが、特に委員会で議論されることもなく、政府方針になった。事後的に原子力委員会の方針が1枚のメモ（「我が国におけるプルトニウム利用の基本的な考え方」平成30年7月31日 原子力委員会決定）という形で発表された。

◆本書の構成

　本来、本書の主役は直近の第5次エネルギー基本計画であるはずだが、第4次エネルギー基本計画の目標値を変えていない。従って基本方針は変わらず、2050年断面の議論も選択肢の提示のみで何も決めていない。本書の構成については苦慮したが、以下のようにした。

第1章では、「結論ありき」と言われながらも数字があり、3.11後初の計画として緊張感を持って議論された第4次エネルギー基本計画と、その第4次計画以降の4年間の内外の劇的な環境変化を織り込んだ整理を行った。そしてその上で、筆者があるべきと考えるエネルギー政策、およびその課題・対策を述べた。

　第2章は、第5次エネルギー基本計画に内在する多くの分かりにくい点、疑問点を、テーマごとに整理・解説した。

　筆者が所属する京都大学大学院経済学研究科再生可能エネルギー経済学講座のウェブサイトには、毎週エネルギーに関するコラムが掲載されている。筆者は、「エネルギー基本計画考察」と題してシリーズで8本の論考を発表してきた（2018年9月末時点）。本書の第2章は、その中の6本に加筆修正を加えたものである。「エネルギー源毎の整理と考え方」、「エネルギー自給および再エネ目標という切り口の重要性」、「省エネについてその考え方と再エネの役割」、「技術開発の考え方」、「諸外国の長期方針に係る解釈」、そして「プルトニウム削減方針と原子力政策・原子力産業との関わり」の6本である。これに新たに書き下ろした「総括：2050年整理は「補論」」を加えた。

　第3章では、第5次エネルギー基本計画について、報告書の目次に沿って簡潔に整理するとともに、筆者がポイントと思った点、気が付いた点についてコメントしている。報告書全体を一通り網羅しており、本書の根幹を成しているものと言えるし、また参考資料的な役割にもなっている。第2章がトピックごとの縦糸を形成しているとすれば、第3章は順を追って解説する横糸である。

　第5次エネルギー基本計画では、基本的な考え方、2030年断面、2050年断面などを丁寧に記述しているがゆえに重複が多く、骨太な筋書きに欠けることと相まって分かりにくくなっている。本来は、100頁以上に及ぶ報告書を熟読し、いくつかの項目に分けて整理・解説すべきであったかもしれないが、それは困難であった。第4次計画と結論と目標値が不変なので、前回の整理の繰り返しにもなってしまう面もあった。

　一方、行間に政府（あるいは関係者）の多様な思いが入っている。見

過ごせないと思われる箇所も少なからず登場する。そこで第3章ではそれらにその都度コメントする形式とした。コメント自体も第5次計画同様、一部重複してしまったところもあるが、少し視点を変えたり2回目は簡潔にしたりして、一応の工夫は施しているのでお許しいただきたい。

　本書は、100年に1回とも言われる変革期にあるエネルギー政策について、日本に焦点を当てて考察・整理したいという思いでまとめた。新エネルギー革命では、再エネ（自然エネ）、分散型、市場取引、限界費用、デジタル、IoTなどのキーワードがある。これらへの対応が求められており、既に、先進国を中心に世界はその方向に向かっている。

　本書は、こうした視点に立って、不完全ながら日本のエネルギー政策を論じている。そして直近の第5次エネルギー基本計画が迷走している状況に対して、そのどこが問題で、本来どうあるべきかを指摘するという方法をとった。

　本書が、エネルギー政策に関心を持っておられる方の理解の一助になれば、誠に幸いである。

　　2018年9月　西新橋のオフィスにて

山家　公雄

目次

はじめに …………………………………………………………………… 3

第1章　日本のエネルギー政策の在り方：エネルギー基本計画の評価　11

1.1　第4次エネルギー基本計画の評価 ………………………………… 13
　　1.1.1　第4次エネルギー基本計画（2014/4）の骨子 ……………… 13
　　1.1.2　長期需給見通し（2015/7）の概要と評価 ………………… 14
　　1.1.3　前回の第4次計画策定時から変わったこと ……………… 18
　　1.1.4　エネルギー政策現行スキームの評価 ……………………… 25
1.2　エネルギー政策の考え方：エネルギー基本計画はどうあるべきか 28
　　1.2.1　省エネ・再エネに軸足を置く ……………………………… 28
　　1.2.2　エネルギーバランスからみる再エネ活用の有効性：再エネ普及は最大の省エネ策である …………………………………………… 29
1.3　日本の再エネを巡る状況：FITの効果と課題 …………………… 33
　　1.3.1　大きい再エネポテンシャルとFIT効果の実現化 ………… 33
　　1.3.2　再エネ普及の課題と環境整備 ……………………………… 36

第2章　第5次エネルギー基本計画の混乱を整理する　43

2.1　第5次計画に見る各エネルギー源の記述とその評価 …………… 45
2.2　再エネ目標値とエネルギー自給率 ………………………………… 51
　　2.2.1　再生可能エネルギー目標値について ……………………… 51
　　2.2.2　エネルギー自給率は最重要目標値 ………………………… 53
2.3　再エネ推進は最大の省エネ対策 …………………………………… 56
　　2.3.1　長期需給見通しにみる省エネ ……………………………… 56
　　2.3.2　再エネ普及は最大の省エネ対策 …………………………… 57
2.4　技術が市場を作るのか、市場が革新を生むのか ………………… 60
2.5　諸外国政策の解釈 …………………………………………………… 64
2.6　プルトニウム削減でも基本方針は不変 …………………………… 70
2.7　総括：2050年整理は「補論」 ……………………………………… 74

第3章　『第5次エネルギー基本計画』解説　79

3.1　『第1章　構造的課題と情勢変化、政策の時間軸』解説 ………… 81
　　【1-1】我が国が抱える構造的課題 ………………………………… 81

	【1-2】エネルギーをめぐる情勢変化	86
	【1-3】2030年エネルギーミックスの実現と2050年シナリオとの関係	95
3.2	『第2章 2030年に向けた基本的な方針と政策対応』解説	98
	【2-1】基本的な方針	98
	【2-2】2030年に向けた政策対応	106
	【2-3】技術開発の推進	117
	【2-4】国民各層とのコミュニケーションの充実	117
3.3	『第3章 2050年に向けたエネルギー転換・脱炭素化への挑戦』解説	120
	【3-1】野心的な複線シナリオの採用〜あらゆる選択肢の可能性を追求〜	120
	【3-2】2050年シナリオの設計	123
	【3-3】各選択肢が直面する課題、対応の重点	127
	【3-4】シナリオ実現に向けた総力戦対応	132

終わりに －マストなエネルギー政策の再構築－ ……………………… 138

付録 ……………………………………………………………………………… 142
    付録1　第5次エネルギー基本計画 目次 …………………………… 142
    付録2　新しいエネルギー基本計画の概要 ………………………… 144
    付録3　第5次エネルギー基本計画の構成 ………………………… 145

参考文献 ………………………………………………………………………… 151

著者紹介 ………………………………………………………………………… 153

第1章　日本のエネルギー政策の在り方：エネルギー基本計画の評価

第1章では、日本のエネルギー政策の在り方について解説している。日本のエネルギー政策の主役は、直近の第5次エネルギー基本計画になる。しかし、第5次計画は第4次計画の目標値を変えておらず、基本方針は変わっていない。2050年断面の議論も実質何も決めておらず内容に乏しい。そのため、今回よりは緊張感を持って議論され、数字も示されていた第4次計画と、その後の4年間の内外の環境変化を織り込んだ整理を行った。その上で、筆者が考えたあるべきエネルギー政策とその課題・対策を紹介する。

1.1　第4次エネルギー基本計画の評価

　2018年7月3日、第5次エネルギー基本計画が閣議決定された。既に2017年8月9日の総合資源エネルギー調査会基本政策分科会で経済産業大臣が表明していたことであるが、2030年の目標値は変わっていない。目標は第4次計画と変わらず、第5次計画の基になる係数は、第4次計画で作成された「長期エネルギー需給見通し」（以下、長期需給見通し）以外には存在しない。従って、この数字を基に第5次計画の政策目標を説明できるし、それ以外に説明する術はない。

　ここでは、第4次計画とその時策定された長期需給見通しについて、第5次計画にて「議論」されたことや少し表現が変わったところを踏まえて解説する。

1.1.1　第4次エネルギー基本計画（2014/4）の骨子

　表1-1は、第4次エネルギー基本計画の骨子をまとめたものである。これは、今回の第5次エネルギー基本計画と基本同じである。特徴は、エネルギーといいながら、電力に焦点を当てていることである。原子力の一定規模の再稼働が最重要論点であり、原子力は電力しか生まないからだ（副生として熱も出るが使われていない）。重要なベースロード電源であり、依存度は可能な限り低下、安全性が確認できたものから再稼働する、ということについては第5次計画で踏襲された。

　石炭は重要なベースロード電源、天然ガスは重要なエネルギー源という扱いも変わらない。

　再生可能エネルギーは、今回の第5次計画は「主力」という枕詞が付き、4年前に比べると確かにトーンアップした。4年前は、3年程度の最大限導入は明記されたが、その後はやや不透明だった。その際には、2割という数字を入れるのに大きな抵抗があったと聞くし、3割は物理的に

ありえないとの主張もかなりあったようだ。

表1-1　第4次エネルギー基本計画の骨子（出典：第4次、第5次エネルギー基本計画を基に作成）

項　目	骨　子	第5次計画留意点
原子力	重要なベースロード電源 依存度は可能な限り低下 安全性が確認できたものから再稼働	プルトニウム削減
再生可能エネルギー	3年程度最大限導入 その後も積極的 現行目標（2割）をさらに上回る	主力電源化
石炭	重要なベースロード電源	
天然ガス	重要なエネルギー源	
自由化	電力・ガスの小売り全面自由化	

1.1.2　長期需給見通し（2015/7）の概要と評価

(1)　1次エネルギーミックスと最終消費

　図1-1は、第5次エネルギー基本計画でも生きている。2030年目標値が変わっていないからだ。4年が経過し、需要の変化を含めて数字を見直さないことの（悪い意味での）大胆さを改めて感じる。

　図の左は2013年の最終エネルギー消費であり、この需要がどの程度伸びるかは、経済成長の影響を受ける。当時のアベノミクスの影響を受けて、経済成長は年間1.7%とかなり高い伸びを前提としているが、徹底した省エネで、最終エネルギー消費全体の13%減らす。この省エネにより高成長による割増分をある程度カバーしたと思われるが、その分省エネ効果に対する信憑性を低めている。いずれにしても、省エネの議論は最終消費の議論となる。

　そして右側の1次エネルギー供給の数字が出てくる。最終消費の節減がどういう経路を経て1次エネルギーの減少分に結び付くのかの明確な説明はない。「最終消費」と「1次」エネルギーの間にはエネルギー「転

換」領域がある。この部分の解説が不十分であることから、エネルギー全体の省エネ実施状況が分かりにくくなっている。我が国では、省エネの議論は、常に最終消費に関するものである。1次エネルギーの節減という発想は出てこない。エネルギー転換領域や送電時の電力ロスが目立たないような配慮が働いていると思われる。

　自給率は、最も重要な指標と考えられているが、これは1次エネルギーで判断される。これを2013年度の6%から2030年には24.3%に改善させる。右下に2013年度と2030年度の構成比を比較する表を置いている。再エネと原子力が増える一方で、化石燃料は低下する。低下率は石油が11ポイント、天然ガスが5ポイントであるが、石炭は横ばいになっている。

図1-1　長期需給見通し（2015/7）：最終需要と1次エネルギーミックス

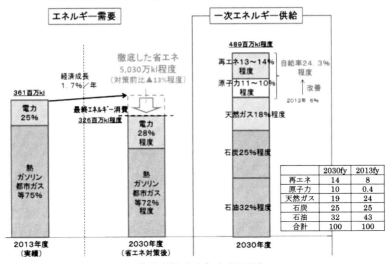

（出典）資源エネルギー庁（2015/07）

(2)　電力ミックスと最終需要

　図1-2の、左側は電力需要で、やはり最終需要である。経済成長は年1.7%であるが、徹底した省エネ実施で17%削減を見込む。右側は、総発電電力量で、ここは1次エネルギーからの転換後であるが、送電ロスを織り込む前の数字である。技術ごとの構成比が示されているが、エネルギー

基本計画を代表する最も馴染みのあるグラフである。再エネが22~24%、原子力が20~22%、化石燃料が残りの56%となる。ベースロード電源比率は、原子力、石炭に再エネの地熱と水力を合わせて56%となるが、奇しくも化石燃料とほぼ同じになる。

図1-2 長期需給見通し（2015/7）：電力最終需要と電力ミックス

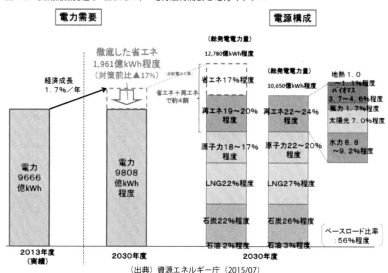

(出典) 資源エネルギー庁（2015/07）

(3) 日本のエネルギーバランスを確認する（2015年度）

ここで、日本のエネルギー状況全体を俯瞰するために、エネルギーバランスをみてみよう。図1-3は、「日本のエネルギーバランス（2015年）」である。左側の「1次エネルギー」と右側の「最終エネルギー消費」の間に「転換」がある。転換の代表は、1次エネルギーを使って電気を作るというプロセスである。転換は重要な領域だが、ここで膨大なエネルギーロスが生じている。省エネに係わる政策では、「最終消費」を議論する。そして、「転換」を飛ばして「1次エネルギー」の議論になる。この間がよく分からない。この間には電力で圧倒的に重要な領域である「転換」がある。

最終消費のどこをどのように節約したことが、「1次エネルギーの石炭

図1-3 日本のエネルギーバランス（2015年度）

（出典）エネルギー白書2017

が何%になるのか」、「再エネが何%になるのか」ということになかなか結び付かないし、そのイメージも湧いてこない。エネルギーを使う側で

一生懸命省エネをやりましょう、ということは分かる。日本人は自らの責任として、そのような活動に真面目に取り組む。

　バランス図の左側が1次エネルギーで、上から原子力、再エネ、天然ガス、石油、石炭と並ぶ。ほとんどが輸入である。前述のとおり1次エネルギーと最終消費の間に、転換がある。これは1次エネルギーを使いやすい形に変えることで、2次エネルギーとも言われる。その主役は電気で、1次エネルギーの4割を使う。準主役は石油で、原油を精製して石油製品を作る。転換から最終消費にいたるまでの間で、3割程度のエネルギーがロスとなる。その3割のロスのかなりは、電気を作るところで生じる。電力を作るに当たっては、1次エネルギーの約6割がロスになっている。

1.1.3　前回の第4次計画策定時から変わったこと

　第5次エネルギー基本計画は、前回の第4次エネルギー基本計画と基本同一である。しかし、その4年もの間に、エネルギーを巡る状況は劇的と言えるほど大きく変わった。これが今回の第5次計画に対する評価が低くなる最大の要因である。この4年での大きな変化を紹介しよう。

　まず、再エネの急激なコスト低下と予想を超える普及があった。もともとコストは急激に低下してきていたのだが、それは継続している。

　次に、パリ協定が2017年11月に発効したことがあげられる。これにより環境の位置付けが非常に高まった。特にグローバル企業の環境に対する関心が、CO_2削減へ向けられるようになった。また、車両の電動化も注目されてきている。EV（電気自動車）、PHEV（プラグインハイブリッド車）、FCV（燃料電池車）などが普及していくというトレンドになった。

　原油価格が大幅に低下した。第4次計画での長期需給見通しでは、電源価格100ドル程度が前提になっている（そして係数の見直しがないので、第5次計画でもこの前提は変わっていないと考えられる）。そして、燃料コストは国民負担で、「国民負担の総量」という概念が導入された。「国民負担の総量」は、燃料コストそして再エネ普及のためのコストすなわち賦課金の合計になる。この総額が、再エネ導入の上限を形成してい

た。ある数量を超えてはいけないというキャップであり、原油価格水準が変わらないとすれば、国民負担の上限は再エネ普及の制約になる。しかし原油価格が急激に下がり、国民負担は軽減されてきた。再エネ賦課金支出の総額を上げる余地が生じたと考えることができる。

　また、シェール革命の現実化がある。日本企業は、実際に米国で投資して日本に輸入している。また、シェール革命は天然ガスの取引条件を適正化する効果がある。需給状況で数量や価格が決まる米国では、取引条件に柔軟性がある。従来の天然ガス取引にあった、長期引取保証、石油価格連動、仕向け地変更不可などの制約がない。米国シェールガスの取引量が拡大していくと、ガス取引全体に柔軟性が増していくことが期待される。ガス価格の低下は、ガスだけでなく電力価格の低下に直結する。電力取引市場で決まる価格は、需給が均衡する限界設備の燃料費に規定される。限界設備はガス火力発電であるケースが多い。

　一方で、米国自身の石油・ガス生産が増え、中東から購入する量が減っていくと、米国の中東に対する関心が小さくなり、中東が不安定化する懸念が出てくる。シリア問題はそれが現実化したもの、という見方もある。日本は資源調達での中東依存度は引き続き高いため、中東の不安定化については懸念されるところである。

　資源価値に対する認識の変化も重要な要素である。座礁資産（ストランデッド・アセット）という言葉が使われるようになった。資源は枯渇するから使われなくなるのではなく、使えなくなるから使われなくなるということである。大気温度の上昇を1.5~2℃で収めるための化石燃料利用可能量が計算できる。これ以上化石燃料は使えないことになり、その埋蔵量は資産価値がなくなる。また、省エネが進み、再エネが普及してくると、従来資源の利用は減ることにもなる。

　かつてピークオイル論というものがあったが、最近ではピークデマンド論が登場してきている。世界の石油需要の絶対量がピークを迎えつつあるということである。ピークデマンド到来時期は2020年代前半という説が多い。この時期は時間が経つにつれて次第に前倒しになってきている。新興国がこれから成長しても石油需要はいずれピークを打つことに

なる。

◆大きく低下する太陽光、風力発電コスト

　再エネのコストは大きく下がってきている（図1-4）。IEAの「World Energy Outlook 2017」（WEO2017）によれば、2010年から2016年の低下率は太陽光が75%、風力が25%、蓄電池は40%となっている。図では、比較のスタート地点の2010年をそれぞれ縦長の四角で囲ってある。

図1-4　低下する太陽光、風力発電コスト

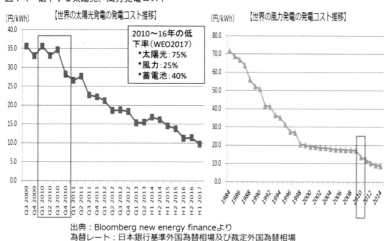

出典：Bloomberg new energy financeより
為替レート：日本銀行基準外国為替相場及び裁定外国為替相場
（平成29年5月中において適用：1ドル＝113円、1ユーロ＝121円）

出典：資源エネルギー庁、「再エネ大量導入委員会」資料（5/25/2017）に一部加筆

◆電源投資の主役は再エネに移行

　今後再エネは急速に普及していく。これまでも普及してきたが、勢いは加速していく可能性が高い。図1-5は、技術別発電容量純増の経緯と見通しであり、今後再エネがいかに主力電源となっていくかを示している。出所は直近のIEAのWEO2017であり、2017年～2040年の電力設備容量の純増を比較したものである。再エネが太陽光、風力を中心に全体の3/4を占める。この足元の2016年度の実績で、世界で8割、EUでは9割が再エネであった。IEAは長年石油を中心とした化石燃料の分析を行って

きた。そのためこれはやや保守的な数字であり、再エネに係わる予想は常に上方修正を繰り返してきた。今回も上方修正される可能性が高い。

図1-5 技術別発電容量純増の経緯と見通し

出典：IEAのWEO2017（2017/11）に一部加筆

◆中国、インドも再エネ主力がトレンドに

図1-6は、ブルームバーグが2018年6月に発表した2017年度国別再エネ投資額ベスト10である。中国が断トツの1位で、2位の米国の約3倍となっている。新興国は今後も化石燃料の需要が大きいという見方は徐々に修正されつつある。

図1-6 国別新規再エネ投資額ベスト10（2017年）

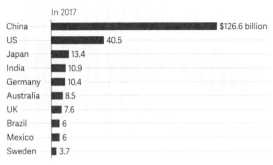

（出典）GLOBAL TRENDS IN RENEWABLE ENERGY INVESTMENT 2018（BNEF）

第1章 日本のエネルギー政策の在り方：エネルギー基本計画の評価 | 21

世界2位の人口と、釣鐘型の人口ピラミッドを持ち、将来の成長国として中国と同様、あるいはそれ以上に注目を集めているのがインドである。高い経済成長と旺盛なエネルギー需要が見込まれる。石炭消費が多いのだが、インドでも再エネは急速に普及しており、再エネ事業入札において低価格での落札事例が続出している。インドは、今後も積極的に再エネ開発を進めていく見込みである。

　図1-7は、インドにおける発電容量に係る比率の推移であるが、2016年度では石炭が69％、太陽光＋風力で17％、それに水力を加えて31％となっている。下側に、2022年までの太陽光と風力の計画を示しているが、非常に積極的である。中東の政府系ファンドやソフトバンク系ファンドなどが巨額の資金を用意しており、その実現可能性は高いと考えられる。2022年度断面では、発電設備容量は、太陽光＋風力で43％、これに水力を加えて5割超と見込まれている。

図1-7　インドのグリーンシフト：2022年再エネ設備5割に

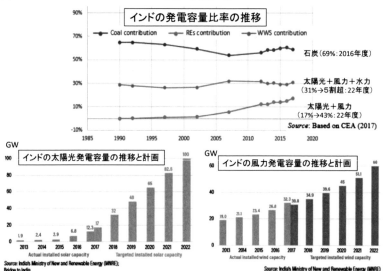

（出典）The-Energy-Collective(11/22/2017)に一部加筆

◆パリ協定でグローバル企業の意識が変わる

　次に、パリ協定発効の影響について解説しよう。その影響は絶大である。世界が、温室効果ガス削減に本気で取り組むようになった。ポスト京都議定書の段階では最大の抵抗勢力であった中国は、いまや再エネ開発や技術で世界をリードする国になった。再エネのコスト低下の影響は大きく、予算不足に悩む途上国でも前に進みうる環境が整ってきた。ほぼ全ての国が枠組みに参加できた背景の一つにこの再エネのコスト低下があった。トランプ政権の米国の離脱の影響は限定的である。米国では州政府や主要都市、そしてグローバル企業の温室効果ガス削減意欲は強い。

　民間事業者の意識は、明確に変わった。地球市民として温暖化防止に貢献していかないとビジネス自体立ち行かなくなってきている。図1-8は、環境促進を目指す国際的なイニシアティブの動きである。

図1-8　国際的なイニシアティブの動き

パリ協定の締結以降
・NGO団体等が中心となって、各種イニシアティブが続々と設立
・グローバル企業がPRも含めて続々と加盟

RE100
設立：2014年　加盟会社数：140社(18年8月5日)
＜参考＞117社(17年12月4日)
100％再生可能エネルギーで事業運営することを目標に掲げる企業が参加するビジネスイニシアチブ
日本企業（昨年4→10社）
主な企業：リコー、積水ハウス、アスクル、大和ハウスなど
[出所] Japan-CLP https://japan-clp.jp/index.php/news/2018/381-re100-10
RE100 http://there100.org/companies

SBTi
設立：2015年　認定会社数：113社(18年6月14日)
＜参考＞59社(17年7月20日)
パリ協定で締結された気温上昇2℃未満にする企業目標に掲げる企業が参加するビジネスイニシアチブ
日本企業（10→20社）
主な企業：川崎汽船、キリン、コニカミノルタ、コマツ、SONY、第一三共、富士通、リコー　など
[出所] Science Based Targetsホームページ Companies Take Actionより作成

〜　その他にも続々とイニシアティブが立ち上がっている！！　〜
・Bonn Challenge(2020年までに1.5億ha、2030年までに3.5億haの森林破壊地を再生)
・Africa Palm Oil Initiative(パームオイル事業の低炭素化への移行を支援)
・Collect Earth(衛星データ、ソフトウェア等の活用)
・EP100(エネルギー生産性倍増をコミット)
・EV100(輸送手段の電化をコミット)

（出所）豊田合成㈱

　多くのイニシアティブが登場してきているが、代表的なのは、100％再生可能エネルギーで事業運営することを目標に掲げる企業が参加するRE100、そしてパリ協定で締結された気温上昇2℃未満を企業目標に掲げる企業が参加するSBTi（Science Based Targets initiative）である。

RE100に参加しているアップルは、100%再エネをほぼ達成している。唯一達成できていない地域は日本であり、その理由は十分な再エネが流通していないからとのこと。これは、2018年3月に開催された自然エネルギー財団主催の国際シンポジウムにおける同社の説明で明らかになったことだ。

◆トヨタ自動車のチャレンジ50

　トヨタ自動車は、COP21パリ会議開催直前の2015年10月に、環境取組みを示す「チャレンジ50」を発表した。新車のCO_2を2010年比9割削減する「新車CO_2ゼロチャレンジ」、車の素材製造から部品・車両製造材料、走行、廃棄までの全ての行程を含むライフサイクル全体でCO_2ゼロに近づける「ライフサイクルCO_2ゼロチャレンジ」、生産工場で低CO_2技術の開発・導入、日常カイゼンと再エネ活用・水素利用によりCO_2ゼロを目指す「工場CO_2ゼロチャレンジ」を含む6つのチャレンジを公表した。

　図1-9は、「工場CO_2ゼロチャレンジ」の取組みを示したものである。成り行きだと増加していくCO_2排出量を、低CO_2生産技術と日常カイゼンによる削減でかなりの程度削減していく。しかし、どうしても自社の取り組みだけでは対応できない領域が残る。それは、購入エネルギーのところであり、中部電力、東邦ガスなどのエネルギー供給事業者に依存することになる。しかし、供給会社が確実にCO_2のゼロエミッションを達成できる保証はない。この領域にも責任を持って取り組む必要がある。また、世界で事業を展開していることから、国や地域の特徴に合わせて、ゼロエミの方策を検討していくことになる。しかし、エネルギー調達、その中でも再エネ電力調達に関しては、国ごとの状況に差異があり、特に日本では再エネの調達が難しい。価格が高く、そもそも生産量が少ない状況にある。

　トヨタに限らず、ゼロエミを目指す事業者は、この現実に気が付くようになる。日本のエネルギーの現況や政策に関心をもつとともに、疑問も抱くようになる。海外では、再エネ拡大により、エネルギーコストが低下するとともにゼロエミ調達が容易になってきており、これは今後速

図1-9　トヨタ自動車チャレンジ：工場 CO_2 ゼロチャレンジ

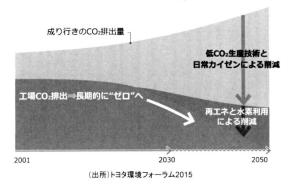

(出所)トヨタ環境フォーラム2015

度を増していく。このような姿はEUの長期戦略に描かれていたが、まさにそれが現実化しつつある。

　一方、日本の環境・エネルギー政策が従来のままだとしたら、企業の生産活動などに支障が生じる恐れがある。これは、日本の拠点は CO_2 ゼロを目指す企業が、事業活動をする場として適さなくなることを意味する。温暖化対策を取りにくいことによる空洞化の懸念が生じかねないのだ。これまで日本では、経団連などによる「産業界は安いエネルギーコストを理由に、原発支持、再エネ反対」という主張が中心だった。政府委員会においても、「産業界は原発支持」、「消費者団体は原発反対」だったが、この構図は大きく変わろうとしている。パリ協定の影響力は大きい。

1.1.4　エネルギー政策現行スキームの評価

　ここまで、第4次エネルギー基本計画の骨子とその後4年間の環境変化について解説してきた。次に「エネルギー政策現行スキームの評価」に入る。表1-2は、現行のエネルギー政策に係るスキームと評価を筆者が各種資料から整理・作成したものである。ここまで紹介した内容と重なる部分があるが、全体を俯瞰的に示している。

　現行スキームでの目標年度は2030年度であるが、ここはエネルギーが変革していく途上である。温暖化対策目標の大きな節目である2050年を見据える必要がある。なお、経済成長率は年1.7%としているが、これは

非現実的であろう。

表1-2 エネルギー政策現行スキーム（第4次）と評価（出典：第4次、第5次エネルギー基本計画を基に作成）

項　目	現行スキーム（第4次計画）	評　価	第5次計画留意点
目標年度	2030年度	変革の途中 2050年見据える要	2050年:予測不可能 多様な技術・選択肢
経済成長	年1.7%成長	非現実的	
エネルギー需要（最終）	対策前比13%減	成長相殺の視点、着地点曖昧 1次・転換との関係不明	
電力需要（最終）	対策前比17%減	（同上） 顕著減少の趨勢	
電力ミックス	原子力20〜22% 再エネ22〜24% 火力56%程度	非現実的 過小 安全保障、CO_2	
CO_2排出	2013年度比26%削減	パリ協定前の意識	
コスト検証	原子力最低 風力・太陽光高い	先進国は高コスト 廃炉等国民負担 世界の潮流と乖離、政策費用？	単体コスト →システムコスト

　「エネルギー需要」は最終消費の数字としているが、13%減になっている。電力需要で見ると17%減とかなり減っていく。経済は毎年成長していくが、成長はエネルギー需要の増加要因となる。そして実力以上の成長をある程度相殺するために、省エネが大きく進むとしている。これは非現実的な成長を打ち消すための調整項目のようにも見える。このため、真の省エネはどのくらい期待できるのかよく分からない。ただし昨今の劇的ともいえる省エネ実績を見ると、今後も省エネはかなり進むのではないか、結果オーライではないか、この程度は織り込めるのではないか、と思われる。

　「電力ミックス」であるが、原子力は実現するのが非常に難しい数字である。再エネは過小の数字である。火力は、エネルギー安全保障やCO_2削減を考えると、この数値は妥当とは言えず、大きすぎると考えられる。

なお、本書第2章第1節において、第5次エネルギー基本計画をベースとした資源ごとの評価を行っている。ポイントは変わらないが、位置付け、政策の基本方向、政策対応で区分されたより詳しい解説となっている。
　「CO_2排出」は、排出量が大きい2013年度を基準年度として採用したこともあり、一定の削減幅となっている。
　最後に、「電源別発電コスト」の評価である。2015年に長期需給見通しを整理した際に、技術別発電コストの検証を行っているが、今回これは改定されていない。このため原子力は相対的に最も低い水準になっているが、先進国では原発の発電コストは既に高くなっており、違和感がある。日本でも、廃炉費用などの国民負担の議論が2016年後半に焦点となった。それに対し太陽光、風力の発電コストは高くなっている。これは世界の潮流とかけ離れている。政策費用なる概念を利用して無理やり太陽光、風力の発電コストを高く計算したように思われる。

1.2　エネルギー政策の考え方：エネルギー基本計画はどうあるべきか

　この節では、昨今のエネルギーを巡る内外の環境を踏まえて、筆者のエネルギー政策に関する考え方、エネルギー基本計画はどうあるべきかを整理してみた。

1.2.1　省エネ・再エネに軸足を置く

　日本のエネルギー政策の姿をどう考えたらいいのだろうか。目標を2040年度ぐらいに置くと、現在の電源構成を前提とした議論になる。2040年度はIEAの長期見通しの目標年次にはなっているが、やはり温室効果ガス8割以上削減を公約している2050年を見据える必要がある。

　また世界のトレンド、先進国のトレンドを織り込む必要がある。そうでないと日本はガラパゴス化に陥る懸念がある。世界のトレンドは、再エネのコスト低下と急速な普及、省エネの進展である。今、先進国を中心に原子力と石炭が苦境に陥っている。これらを考えると当然、省エネ、再エネに軸足を置くことになる。

　日本のエネルギー政策の目的は3E+Sである。3Eについて、「エネルギー基本法」の上では、順番がある。「セキュリティ」、「環境」、「経済」の順だ。ただ、「経済」の解釈がその時々で変化し、何とでも解釈できるように思える。あるときはコスト、あるときは規制緩和・自由化、そして今回はEconomic Efficiencyと経済の効率性がクローズアップされた。政府はこれを国民負担抑制と訳している。「経済」については、そのときの政府の都合のいいように使われてきたとも言える。

　「セキュリティ（Energy Security）」、「環境（Environment）」、「経済（Economic Efficiency）」の順番という政策目的の原点に戻ると、実は「省エネ」、「再エネ」は最優先になる。国産で自給率向上に資することが大

きい。CO$_2$を排出しない。そして再エネ発電は、無限に存在するフローの資源を利用することから、燃料は不要である。その意味で電気への変換効率は100％と言える。太陽光や風力で電気を作るときには、「効率は100％、ロスはゼロ％」となる。これに対して化石燃料を使って火力発電所で電気を作るときの効率は40％。熱として捨てるロスは60％にもなる。従って、再エネ発電の省エネ効果は、節電とともに莫大といえる。特に火力からの代替電源として再エネを稼働させる場合、省エネ効果は大きくなる。これは、燃料としての化石資源を劇的に減らす効果があり、自給率を大きく引き上げることにもなる。再エネは世界的には最も安い電源に既になっている。

　また3つ目のEである経済では、コストだけではなく新技術、産業の創造も含まれる。再エネは新しい技術で分散型でもあり、ここに集中していくことが重要と言える。

　もっとも、省エネ促進、再エネ普及には課題がある。まず内外価格差がある。海外は既に安くなっているのに日本はどうしてそうなっていないのか、との議論がようやく出てきた。内外価格差の議論が登場すると、その後価格は下がる傾向にある。また、太陽光や風力は出力が変動するがそれにどう対応していくか、という課題もある。

　この解決策の基本は、マーケットの整備・革新を進めて、価格調整機能を活用することにある。これは重要である。そしてインフラである送配電の完全中立化が肝になる。再エネは新規参入組となるため、導入・拡大には中立で透明性がある環境が前提となるが、これは行政主導で環境を整備していく必要がある。いわゆる「電力システム改革」を確実に、あるいは前倒して実施していく必要がある。

1.2.2　エネルギーバランスからみる再エネ活用の有効性：再エネ普及は最大の省エネ策である

　エネルギーバランスの面から、「再エネ発電や節電による省エネ効果」を考えてみる。既に何回が言及しているが、重要な論点であり詳しく解

説する。

　現在、日本の1次エネルギーの9割は化石燃料である。2015年の1次エネルギーの割合を見てみると、天然ガス、石油、石炭の化石燃料で9割強になる（図1-10）。原子力が0.3%しかないことの影響が大きい。

図1-10　エネルギーバランス概要（2015年度）

1次 〈19810〉 -10.8%/10	転換（2次） 〈▲6262：▲32%〉	最終消費（3次） 〈13548〉 -9.6%/10
再エネ等（8.4%） 原子力発電（0.3%）	電力（41%） *発電効率42.5%	
天然ガス（24%）		家庭（13.8%）
		業務等（18.1%）
石油（41%）	ガス（9%）	運輸（22.7%）
	石油製品（36%） *車燃料効率 10〜15%	
石炭（26%）		産業（45.4%）
	熱・セメント等（6%）	
	石炭製品（8%）	

（出所）エネルギー白書2017年を基に作成

　また、1次エネルギーの4割は発電用に使われている。火力発電のエネルギー効率は約4割で、その中でも石炭は33%〜35%と低い。これは所内率（発電所内での使用分）も入っている。電気1を作るのに、例えば火力だと2.5の燃料を使っている。さらに火力の中でも石炭だと3.0の燃料を消費することになる。前述のとおり再エネ発電は、燃料費はゼロである。つまり再エネで火力を代替すると、250から300%の化石燃料削減効果があるということになる。節電は、使用するはずの電力を使わないという意味で、やはり燃料消費を伴わない発電と同等の効果のある量であり（ネガワット）、再エネと同様の効果がある。従って、節電や再エネ発電で火力を置き換えると劇的な省エネ効果が生まれることになる。この発想は、日本ではこれまであまりなかった。

　図のように転換から最終消費に移るときに、エネルギーが32%減少している。これは転換とくに発電に伴うロスが大きいからである。また、車にも問題がある。ガソリン、ディーゼルなどの内燃機関の場合、運動

エネルギーに転換する効率は10から15%と非常に低い。エネルギーバランス図ではこのロスは明示されていない。昔は出ていたが、いつの間にかなくなってしまった。残りの80〜85%は熱として消散してしまう。この運輸部門の効率が悪い。ここの効率を上げることが省エネに大きく寄与する。

　運輸の省エネで注目を集めているのは電動化である。電気自動車の省エネ効果は大きい。内燃機関だけで動く車の効率は10〜15%だが、ハイブリッド車だと20%強になる。電気自動車（EV）では、電源が石炭だと20%、天然ガスだと30%、再エネだと60%の効率となる。電気を作るときの発電効率について、石炭33%、ガス50%、再エネ100%を前提とすると、このような計算になる。自動車の省エネについて考えると、再エネ電力をEVで利用することが極めて重要になる。さらにEVに転換するだけでは不十分で、電気が全て石炭からできている場合は、効果は限られる。

　EUが戦略として再エネ由来の電力を増やそうとしている理由は上記のようなところにもある。1次エネルギーの化石燃料をいかに減らすかを考えると、火力発電を燃料フリーの再エネで代替すると効果が大きい。これは、エネルギーロスの削減すなわち省エネ効果である。また、電動化による運輸の省エネ効果に再エネ電力は大きく寄与する。

　2015年（図1-10）と2010年（図1-11）のバランス図を比較すると、全体的に省エネが進んでいる。1次エネルギーで10.8%削減、最終エネルギーで9.6%削減となっている。しかし、2015年の1次エネルギーの化石燃料比率は9割程度ある。原発が止まっている要因はあるが、非常に高い値と言える。最終消費で注目されるのは、産業の割合が上がっていることと、民生が下がっていることである。日本の産業は非常に省エネが進んでいると言われてきた。しかし、最近の省エネの進み方は緩慢である。これに対して家庭、業務の民生用の省エネは進展している。

図1-11　エネルギーバランス概要（2010年度）

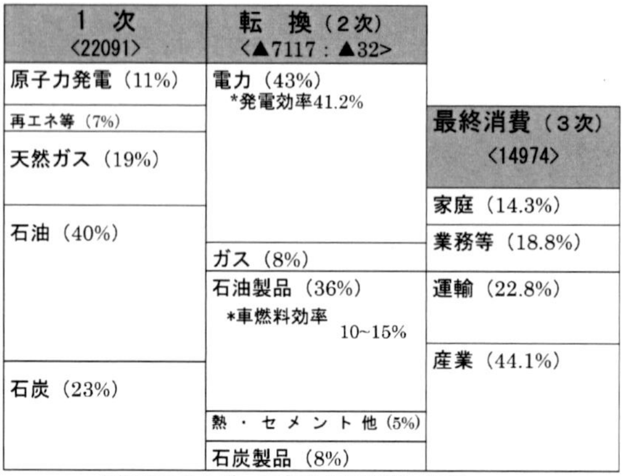

1　次 <22091>	転　換（2次）<▲7117：▲32>	最終消費（3次）<14974>
原子力発電（11%）	電力（43%）*発電効率41.2%	
再エネ等（7%）		
天然ガス（19%）		家庭（14.3%）
石油（40%）	ガス（8%）	業務等（18.8%）
	石油製品（36%）*車燃料効率 10～15%	運輸（22.8%）
石炭（23%）		産業（44.1%）
	熱・セメント他（5%）	
	石炭製品（8%）	

（出所）エネルギー白書2012年を基に作成

1.3　日本の再エネを巡る状況：FITの効果と課題

1.2節では、エネルギー政策は再エネに軸足を置くべきという筆者の考え方を、その根拠とともに紹介した。ここでは日本での現状を見るとともに、再エネの可能性、課題、解決策について考察する。これは、エネルギー基本計画を評価する基礎となる。

1.3.1　大きい再エネポテンシャルとFIT効果の実現化
◆大きい再エネポテンシャル

「日本は再エネ利用に適していない」と長く言われてきたし、今でも耳にする。しかしFIT導入後の急増で太陽光発電は約4300万kWの設備容量となった（2017年12月末）。原発再稼働が滞っている中で、この夏の猛暑を節電要請なしで乗り切っていられるのは、夏のピーク需要の時間帯に発電する太陽光の存在が効いている。この太陽光もかつては「原発一基分を太陽光で賄おうとすると山手線内にパネルを敷き詰める必要がある」＝（イコール）「ありえないこと」と喧伝された。「台風の通り道」、「偏西風の末端」、「まとまった平地が少ない」などの理由で、風力発電は日本には向かないというフレーズは今でもよく聞く。

しかし、雨量が多く、緑が豊富で、四方を海岸線に囲まれ、世界第3位の地熱資源があり、世界第6位の経済水域を誇る日本は、自然に恵まれていることは明白であり、誰も否定できない。この豊富な自然にエネルギーが賦存していないはずがない。著名な環境学者であるエイモリー・ロビンズ教授は「日本はドイツの9倍もの自然エネルギーポテンシャルがあるが、ドイツの1/9しか利用していない」と喝破した（2014年9月4日付自然エネルギー財団コラム）。

表1-3は、環境省調査等を基に日本の再エネ潜在量（ポテンシャル）を

整理したものである。陸上風力で約3億kW、洋上に至っては約14億kW存在する。日本の瞬間的な最大電力使用量は1.6億kWである。十分な再エネ資源が存在する。なお、水力、地熱のポテンシャルはさほど目立たないが、その発電設備としての利用率は高く、潜在量が全て開発されれば、それぞれ1割程度のシェアを占めることが可能となる。

表1-3　再生可能エネルギーの潜在的な導入可能量（日本）

・ポテンシャルは十分、ドイツよりも恵まれている（9倍）。

（単位:kW）

再生可能エネルギー	潜在的な導入可能量	現在の設備容量(2017/12)
風力	17億　（2.7:陸上） （13.8:洋上）	344万
非住宅用の太陽光	1.5億	3353万
住宅用の太陽光	2.1億	989万
中小水力	944万（*）	990万
地熱　（**）	1664万	52万
バイオマス	n.a.	345万

（*）　898（河川）、30（農業用水）、16（上下水道・工業用水）　----現在の設備容量は外数
（**）　1407（150℃以上）、136（バイナリー）、121（低温バイナリー）

（出所）環境省、資源エネルギー庁調査等を基に作成

◆現れたFIT効果

　日本の再エネ発電開発では、固定価格買取制度（FIT）導入が功を奏し、発電電力量に占める割合が15％程度まで上がってきた。このうち水力を除くと7％程度になり、そのかなりは太陽光発電になる。2030年度の再エネ目標は22％から24％だが、これは現在計画ベースの事業量を積み上げると既にクリアできることになる。

　しかし、この計画が全て実現するか、本当にこのままスムーズに導入が進むのかというと、そう簡単ではなく多くの課題がある。後述するが

代表的なものは、系統、送電線に空容量がないという問題・制約だ。計画はあり、事業意欲はあるが、系統に繋げない。これは大きなニュースになっている。ポテンシャルはある、計画はあるが、それが実現できない。その制約を除いてやれば実は結構系統に入る、という状況にある。

◆2030年目標量を超えるFIT認定量

図1-12は、発電電力量に関して、2015年7月に策定された2030年度の再エネ目標値と2017年12月末時点の固定価格買取制度認定量とを比較したものである。再エネ目標値は第5次エネルギー基本計画でも変わらない。太陽光とバイオマスは、認定量が既に目標値を超えている。水力は、数字は小さいが、これは中小水力に限定されているためで、大規模水力はもっと普及している。

留意すべきは風力である。風力発電は、比較的コストが安くポテンシャルは大きい。期待は常に大きいのだが、なぜか節目で規制強化などが生じ、伸びきれないできている。FIT導入時も、ほぼ同じ時期に環境アセスメント法の適用対象とされたことの影響が大きく、伸びていない。

図1-12　2030年電力ミックスとFIT認定量

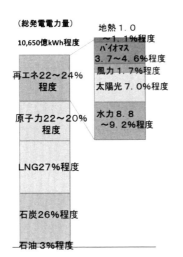

再エネ種類	FIT認定量 2017/12末	ミックス最大値 (2030年)
太陽光	7,088	6,400
風力	* 686	1,000
水力	** 114	4,931
地熱	8	155
バイオマス	1,224	728
合計***	9,120	13,214

* 風力：環境アセス中を含むと1950を超える。加えて東北北の募集案件1250、北海道の募集案件240がある。
**水力：中小水力のみ。
***FIT導入前の累積導入量は2060。

（出所）資源エネルギー庁の資料を基に作成

しかし、FIT認定済みと環境アセスメント実施中の事業量とを加えると、実は2030年ミックス目標を超えている。また、北東北募集プロセスに応募している風力発電は相当な規模に上る。この募集プロセスは、送電線を共同で建設する事業者を募集し、落札者には接続を認めるというものである。北東北3県を対象に実施されたプロセスでは、募集量280万kWに対して1550万kWもの発電事業が応募した。そのうち1250万kWは風力である。北海道の募集プロセスでは、240万kWもの風力案件が手を挙げている。

　また、FIT導入前の累積導入量は全体で2060万kWである。このように、再エネは2030年度目標を達成できる事業量を積み上げている。

1.3.2　再エネ普及の課題と環境整備
◆国内の再エネ普及を妨げる要因

　再エネ事業の計画量は、既に2030年目標値を凌駕するまでに積み上がっている。しかし、それが全て建設・運転開始されるかどうかは分からない。普及を妨げる制約があるからだ。

　まず、政策の本気度が不足しているとの指摘が絶えない。長期に及ぶ意欲的な導入目標がない。エネルギー基本計画の2030年までに22～24％との目標は、意欲的とは見なされていない。EUは既に2016年に30％に達しており、2030年目標は50～60％に達する。常に「コストが高い」、「国民負担が重い」と言われ続け、FIT改変、FIT卒業の圧力を受けている。

　新規参入者である再エネの推進には、非差別的で透明性のある取引環境、インフラ利用環境の整備が決定的に重要である。現状では制度上の制約が大きいのだ。自由化に踏み切って20年超経つのに、送電線を誰でも公平に利用できる「オープンアクセス」の議論は途に就いたばかりである。電力卸市場の整備も途上の段階である。送配電分離、市場取引整備、立地環境整備等においてまだまだ未整備であるのだ。なかでも、送電線に空きがなくなり接続できないという問題が全国で生じており、現状での最大の課題となっている。

◆再エネ発電普及の環境整備①：FIT、コスト削減、立地

　それでは、再エネ推進のための環境整備はどうするか。表1-4は、再エネが普及するための課題と対応策に関して筆者が整理したものである。推進ドライバーは固定価格買取制度となるが、これは最近いろいろな改正が加えられているところである。

表1-4　再エネ発電普及の環境整備①　（筆者作成）

項目	現状、課題	対策
推進ドライバー		
FIT	*2012/7 開始 *一部入札制度導入等見直し継続 *2020年迄の時限立法	*一定の成熟を見るまで継続
内外価格差是正	*太陽光、風力等で大きい価格差 ーリードタイム、流通構造、接続等	*規制緩和,リスク配分,競争環境
環境整備：立地		
規制緩和	*農地法等の対応 *環境アセス法に風力追加	*農地等規制緩和の継続 *アセス期間短縮、要件緩和
系統接続	*空容量ゼロ問題 *先着優先、契約ベース *混雑を理由に拒否可能 *発電事業者(特定)負担	*コネクト&マネージ、 　実潮流ベース、最短接続 *利用者(一般)負担
ファイナンス	*金融機関の保守的対応 *太陽光等で一定の改善	*潮流、送電容量の情報公開 *市場整備、リスクヘッジ

　再エネ発電コストが引き下がる環境は重要である。FIT制度は発電した電力量を決められた価格で販売することで事業の予見性を担保し、投資を促し、スケールメリットでコストを下げることを目的としている。国民負担が大きいとの批判も出るFITであるが、民間の投資意欲を刺激しコストを下げるシステムである。再エネ普及に先陣を切った欧州の主たる推進策となったが、中国の太陽光パネル製造コストの低下とも相まって、劇的な価格低下と普及を実現した。日本においても、急拡大している太陽光のFIT価格は1/2以下に下がっているが、最も先行する欧州に比べるとまだ2倍の水準にある。

　この「内外価格差」をターゲットにすることにより、コスト低下に拍

車がかかることが期待できる。官民が一体となってコスト削減に本気になるからだ。太陽光の事例を見ると、パネル、モジュールなどコモディティ化しているものの価格差は小さく、コスト全体に占める割合も3割程度と小さくなってきている。しかし建設・施工や許認可手続きに要するソフト費用の差が非常に大きい。これらには官民一体となって取り組む必要がある。「内外価格差」には日本独特の慣行もあり完全になくすことは難しい。この部分は再エネだけではなく既存電源にも共通するものである。既存電源とそん色のない水準という意味での「グリッドパリティ」をターゲットとする視点も重要である。

　また、環境整備で「立地」という項目を立てている。kWh単位の販売価格を保証するFITの導入により、発電すれば一定の収益を見込める環境は整ったが、発電できなければせっかくの制度も意味をなさない。ポテンシャルがあっても、立地ができなければFITを活用できない。立地に関しては、規制緩和が非常に重要であるし、何回かにわたって緩和が行われてきており、かなり改善を見てはいる。しかし農林地、自然公園などはまだ緩和の余地が少なからずある。風力の難儀から分かるように、時間短縮などの環境アセスメントの効率的、公平な実施も非常に重要である。

　立地には「系統接続」も含めている。これまでは系統側が利用状況や制度運用の情報を独占してきた。そして、送電線の空容量がないと突然電力会社のウェブページに掲載され、それまでの開発者の努力と経費が瞬時に失われるような事態が多発している。これが目下最大の問題である。東北、北海道を中心に全国で送電線の空容量はゼロとなっており、新規接続の道が閉ざされている。

　「送電線は本当に空いていないのか」という問題意識の下に、京都大学大学院経済学研究科再生可能エネルギー経済学講座で公表データを基に検証を行ったが、「実はかなり空いている」、「送電線の利用率はかなり低い」という結果になった。政府もこの問題を重視し、既存の送電網を極力有効活用する「日本型コネクト＆マネージ」を進めている。欧米では、実際の潮流や空容量をダイナミックに予測し、市場原理に基づいて公平

に送電線を利用できる仕組みが整っている。このレベルに早く追いつくことが重要である。日本型コネクト&マネージはその第一歩として評価できるが、スピード感をもって進めなければならない。

◆再エネ発電普及の環境整備②：競争環境

環境整備のところで、「競争環境整備」を大項目として分類した（表1-5）。これを実施していくことが決定的に重要である。具体的には市場整備、特に卸取引所の活性化である。また、送配電の完全中立化、公平な競争が損なわれることのないように監視する機関の整備も重要である。

表1-5　再エネ発電普及の環境整備②　（筆者作成）

項目	現状、課題	対策
環境整備：競争	公平、非差別的な扱い、透明性	
市場整備 ＊卸取引所	＊少ない取扱量 ＊徐々に経由割合アップ： 　－5%程度に、直近は10%も記録 ＊1時間前市場創設 ＊グロスビディング 　連系線間接オークションの導入	＊厚みを増す対策 ＊取引の活発化 ＊実行
＊先物取引所	＊先物取引の未整備 ＊ベースロード・容量市場創設の検討	＊整備 ＊卸取引への影響に要留意
送配電中立	＊2020年度実施予定	＊実効性に留意
監視機関の整備	＊電力ガス取引監視等委員会の設置（2015/9）	＊実行性に留意

再エネは新しい事業であり、新たに参入する立場であるので、競争的環境が整備されることが大前提である。これは再エネ普及だけでなく、電力自由化推進の基礎である。発電事業、小売り事業は自由化されたことになっており、本来このような環境は整備されていて当然のはずである。確かに、3.11以前に比べれば大きく変わってきてはいるが、インフラ利用に関して先着優先原則が残っているなど、まだまだ道半ばと言える。

◆鍵を握る電力卸取引市場の整備

　図1-13は、日本卸電力取引所（JEPX）の取引量の推移を示している。少し前までは、電力取引に占める取引所を経由する割合は2%に過ぎなかった。それが徐々に上がってきており、直近では、スポット市場の取引量は1割を占めるまでに至っている。これは非常に心強いことで、この調子で行くと、日本も取引所を経由する量が増えていくと期待している。

図1-13　日本卸電力取引所・スポット市場の取引量推移

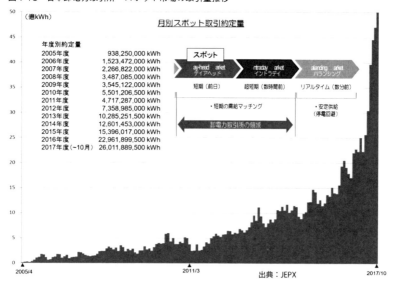

　電力取引所を整備することはとても重要である。図1-14は、時間軸で見た電力市場の構造を示している。卸市場は前日取引がメインになる。当日取引の革新も重要である。こうした取引市場の活性化は、再エネにとっては普及のための重要な環境整備になる。前日取引は、供給は限界費用コストで決まるので、燃料費の安いところから落札される。従って、燃料費ゼロの再エネは優先的に市場に供給される環境になる。

　当日市場が、実需給直前まで開いている場合は、太陽光、風力の天候予想が外れないような運用を行うようになり、再エネの不安定性はかなりの程度解消される。

図1-14　時間軸で見た電力市場の構造

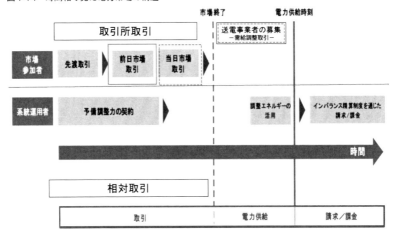

資料：Federal-Ministry-for-Economic-Affairs-And-Energy（2014）,P.9,Figure1.
出所：京都大学諸富徹教授、一部山家加筆

◆高まる柔軟性の重要性と各種電源の特徴

　太陽光、風力などが普及していくにつれて、発電設備等の運転・運用に柔軟性が求められるようになる。これらの整備が重要になってくる。再エネは天候次第のところがあるが、その変動を運転や需要の柔軟性を利用して調整していくことになる。

　柔軟性（フレキシビリティ）に関しては、日本ではすぐに「それは火力発電の役割」となる。しかし、火力発電だけではなく、柔軟性にもいろいろな手段、手練手管がある（表1-6）。それらを駆使するとともに、前述したマーケット整備による効果も合わせると、かなりの程度変動性の課題を克服できることになる。

◆第1章のまとめ

　この章では、第4次エネルギー基本計画を基に現在の日本のエネルギー政策を評価し、その後の4年のあいだに内外で生じた劇的ともいえる大きな環境変化を加味した上で、筆者がこうあるべきと認識する政策を解説した。

表1-6 各種電源の特徴とミックス （筆者作成）

	自給 セキュリティ	環境 温暖化	燃料費	資本費	運転 柔軟性	柔軟性の 補填
原子力	◎	◎	◎	××	×	
石油	×	×	×	◎	○	◎ ガスタービン・エンジン
天然ガス	△	△	△	△	○(◎)	○ 運用次第
石炭	○	××	○	△	△	○ 貯水式(揚水)
再エネ安定	◎	◎	◎	×	×(◎)	○ 風力抑制
再エネ変動	◎	◎	◎	×	×(○)	蓄電池 水素 デマンド 熱・燃料 セクターカップリング

（注）・再エネ安定：水力、地熱、バイオマス
・再エネ変動：風力、太陽光

　直近の第5次エネルギー基本計画は、個々の分野では第4次計画以降の変化を織り込んだ記述になっているが、数値目標や基本スタンスは第4次計画と変わらない。再エネの台頭・主力化と原子力・大規模火力（化石資源）の後退という大局、世界の潮流が見えにくくなっている。個別領域の精緻さ（特に原子力、化石資源）と大局の捉え方の不自然さが相まって、全体は分かりにくいものとなっている。

第2章　第5次エネルギー基本計画の混乱を整理する

第1章で紹介したように、第5次エネルギー基本計画は第4次エネルギー基本計画から数値の変更はなく、基本的な位置付けや方向性は第4次計画を踏襲している。その間の内外の環境変化は大きいが、その大きな流れは取り込んでいない。しかし第5次計画では、個別の領域では最近の情勢を織り込んでおり、再エネだけでなく原子力や化石資源の解説は詳しい。そのアンバランスさが全体を通しての分かりにくさ、流れの悪さに繋がっている。

　また、第5次計画では2050年断面についても議論を整理しているが、温室効果ガス8割以上削減を実現するための思い切った施策を展望する必要があるにもかかわらず、技術見通しが不透明との理由で明確な方向を示していない。再エネ、(CCS付き) 火力、(革新技術の) 原子力、(蓄電池付き) 分散型システム、水素など、複数の選択肢を同列に並べているだけである。そう遠くもない2050年に、選択と集中なしに備えることができるのだろうか。

　さらに、日本が主導しうる革新技術として水素、蓄電池への期待が大きく、2030年断面を含めて全体的に多くの記述がある。技術立国の伝統として、革新技術とそれを利用して産業創造でリードしたいという思いは理解できるが、現状では不透明感が強く、スケジュールを考えて検討する必要がある。

　以上の要素が相まって、第5次エネルギー基本計画は、全体として分かりにくくなっている。特に2050年断面の議論は、不透明としている技術を織り込んで全ての資源が同列に並ぶ。見方を変えると、最近劣勢が目立つ大規模原子力や火力・化石資源が、(2030年以降の) 2050年断面で、議論上は復活しているのである。これは混乱と言っても良い状態だろう。

　本章は、以上のように難解な第5次計画を、いくつかの視点で整理していく。多く存在する疑問点を整理し、ある程度のまとまりとして集約できたものをトピック的に取り上げた。それらを通じて、第5次計画の解説を行うとともに、あるべきエネルギー政策へのアプローチを試みている。

2.1 第5次計画に見る各エネルギー源の記述とその評価

　この節では、2030年断面の資源ごとの「位置付け」、「政策の基本的な方向」、「政策対応」に絞って整理している。これは第5次エネルギー基本計画では、第4次エネルギー基本計画と同様、エネルギー源ごとの評価と対策が主役となっているからである。特に発電用資源としての視点が中心となっている。その中で「政策対応」は、第5次計画全体105頁中の61頁にわたっており、中心的な役割を果たしている。

　第4次エネルギー基本計画についての解説は、第1章で行った。その第4次計画と第5次計画に基本的な相違はない。しかし、第5次計画は直近のものであり、第4次計画以降の状況も踏まえているので多少ニュアンスに違いはある。本節は、その意味で第5次計画の要約に当たる箇所とも言える。なお、第5次エネルギー基本計画の目次に沿った詳細な解説と評価は、第3章を参照されたい。

◆第5次計画の第2章で2030年目標を整理

　まず、各エネルギー源について、第5次エネルギー基本計画ではどのように配置されているかを説明する。

　第5次計画では、2030年の姿は、「第2章　2030年に向けた基本的な方針と政策対応」に示されている。「各エネルギー源の位置付けと政策の基本的な方向」は「第1節　基本的な方針」に登場する。各エネルギー源とは、再生可能エネルギー、原子力、石炭、天然ガス、石油、LPガスとなり、1次エネルギーの分類に沿っているが、発電用としての位置付けが前面に出ている。

　また、「第2節　2030年に向けた政策対応」で、1次、2次、最終消費を問わずエネルギー全体を俯瞰し、11項目に分けて解説している。最初

の5項目はエネルギー源に焦点を当てた分類で、①資源確保の推進、②徹底した省エネルギー社会の実現、③再生可能エネルギーの主力電源化に向けた取組み、④原子力政策の再構築、⑤化石燃料の効率的・安定的利用となっている。なお、前述のとおり、この「政策対応」の11項目の解説が全体の過半を占めており、第5次計画の本丸であることが分かる。さらにこのエネルギー源5項目で36頁を占めている。

このように、各エネルギー源は、第1節の「位置付け」・「政策の基本的な方向」と第2節の「政策対応」に登場場所を変えながら解説されており、やや分かりにくくなっている。

表2-1は、エネルギー源に係る2つの解説を統合したものである。2030年目標をエネルギー源ごとに、「政策対応」、「政策対応・具体策」、「位置付けと政策の基本的な方向」に分けて整理した（横軸）。縦軸（最左列）のエネルギー源は、政策対応で登場する順に配置している。「政策対応」の列の最初の「資源確保の推進」は、省エネ以下の全項目を総括しているようにみえるが、実際には化石資源を総括している。最後の「化石燃料の効率的・安定的利用」は、電力用の化石燃料がイメージされている。

表2-1　2030年目標の整理：主要エネルギー資源（出典：第5次エネルギー基本計画を基に作成）

エネルギー源	政策対応	同左・具体策等	位置づけと方向性（1次、電力用）
資源確保	資源確保の推進 *総合的な政策推進の継続 *化石燃料・鉱物資源の自主開発 *強靭な産業体制の確立	*自主開発促進、資源国と関係強化 *資源調達環境の基盤強化 *資源調達条件の改善 *国内海洋資源開発（メタハイ等）	
省エネ等	徹底した省エネ社会実現 *省エネ法措置と支援策の一体実施 *AI・IoT・ビッグデータ活用 *複数事業者・機器の連携	*業務・家庭：建物ZE化等 *運輸：電動化等 *産業：トップランナー等 *デマンドレスポンスの活用	
再エネ	主力電源化への取組 *大量導入で主力電源の一翼 *低コスト化 *接続制約の克服：調整力の確保 *太陽・風力：コスト低下で普及 *地熱・水力・バイオ：地域振興	*太陽：分散型の活用促進等 *風力：環境アセス迅速化 　洋上風力の導入促進等 *地熱：地域理解、環境アセス *水力：流量調査、既存ダム活用等 *バイオマス：木質の積極推進等	*重要な低炭素の国産エネルギー源 *引き続き積極的に推進 *主力電源化布石、早期取組
原子力	原子力政策の再構築 *福島の復興・再生 *安全性向上：安定的な事業基盤確立 *サイクル推進：中長期的対応の柔軟性	*立地対応、対話・広報 *技術・人材・産業維持 *プルトニウム削減に取組む	*重要なベースロード電源 *安全確認後再稼働 *可能な限り依存度低減
火力・資源	化石燃料の効率的・安定的利用 *高効率火力発電有効活用 *石油産業の事業基盤再構築	-高度化法：非化石比率44% -省エネ法：発電効率44.3% -IGCC、CCUS開発・実用化 -高効率発電技術の海外支援	石炭：重要なベースロード電源の燃料 *クリーン技術開発　*インフラ輸出積極推進 LNG：役割拡大の重要エネルギー源 *ミドル電源の中心的役割 石油：今後も活用の重要エネルギー源 *ピーク・調整電源

横軸（最上行）であるが、第2列「政策対応」は第1列の「エネルギー源」に対応している。第3列は第2列の政策対応の具体的な項目を挙げて

46

いる。第4列の「位置付けと方向性」は、電力ミックスを念頭に、より具体的な資源について簡潔に記している。すなわち化石燃料については、石炭、LNG、石油に区分している。ここでは見やすさの観点から一つの表にまとめた。

以下、順に解説・考察していく。

◆資源確保の推進：海外調達にフォーカス

エネルギー安全保障の基本として、政策対応の筆頭に位置付けられている。1次エネルギーの視点が主となるが、電力燃料に限定されていない。具体策を見ると、専ら海外産化石資源が念頭にあることが分かる。国産資源は、メタンハイドレートは登場するが、自然エネルギーは見当たらない。資源確保には国産資源は基本含まれておらず、自給率向上への意欲がうかがわれない。再生可能エネルギー、原子力が別建てになっているが、やはりここは海外調達にフォーカスしたいためなのだろう。一方、火力発電用燃料も別途の分類（5番目）となっている。

◆省エネルギー等：最終消費にフォーカス

省エネルギーは2番目に位置する。IoT・AI・ビッグデータ活用により需要家およびその周りの効率化を進め、社会的なシステムに昇華することを目指すとしている。また、業務・家庭、運輸、産業で行うべき省エネ対策を列挙している。これは従来路線を踏襲し、最終消費を念頭に置いたものとなっている。

しかし、本質的・抜本的な省エネ対策、脱炭素対策となる1次エネルギーから2次エネルギーへの転換、送電に係る膨大な発電ロス、運輸の走行時ロスの解消については触れられていない。

熱効率ベースで、発電効率4割の火力から発電効率10割の再エネへの転換は、抜本的な省エネ対策となる。2050年ゼロエミへの実現を迫られているグローバル企業は、この最終消費のみに焦点を当てることの問題に気が付き始めている。自力でできる削減だけではゼロエミ達成は不可能で、多額のコストがかかるからだ。

◆再生可能エネルギー：当面の対策は肯定できるが主力電源化は期待のレベル

　省エネより下に分類されている。位置付け、政策の方向は、発電用資源として1次エネルギーの範疇で登場してくる。その内容は『再エネは「重要な低炭素の国産エネルギー源」であり「導入を加速し主力電源化」していく。コスト、接続制約、調整力を要するなどの課題があるが、内外価格差是正、系統制約の解消、調整力の確保などの対策をとっていく。大量導入の主役となる太陽光は分散型電源としての活用促進、風力については環境アセスメント迅速化、洋上風力の導入促進などの対策をとる。地熱・水力・バイオマスは、地域活性化の視点からより長期にわたり主力化を目指す』というものだ。

　再エネに関しては、政府の大量導入・ネットワーク小委員会などで普及対策に係る真剣な議論が行われてきており、当面の具体的な対策は見えてきている。計画もそれに沿った表現になっている。しかし、「主力電源化への布石」という表現は、その途上であるというニュアンスが強く感じられる。2050年断面などの長期になると、不透明であるとの理由の下に逆に歯切れが悪くなり、その時点でもまだ主力を「目指す」ものという位置付けである。しかし、長期になればなるほど再エネ時代到来はより明確になると考えるのが筋だろう。

◆原子力：楽観できない環境下での現状踏襲

　原子力の位置付け・方向性は、「重要なベースロード電源、安全確認後再稼働、依存度は可能な限り低減」という表現を踏襲している。原子力政策の再構築を引き続き掲げるが、安全および防災・事故、核燃料サイクル推進、立地対応および対話・広報、技術・人材・産業維持など多岐にわたる対策を列挙している。3.11福島第一原発事故以降7年が経過したが、国民の理解が進まない現状を反映したものとなっていると言える。なお、米国の要請を受けて「プルトニウム保有量の削減に取り組む」との表現が土壇場で入ったことで迷走感が強まった。

◆火力・資源：環境悪化なるも現状踏襲

　化石燃料の種類ごとの位置付け・方向性は、従来の表現を踏襲している。「石炭は重要なベースロード電源の燃料、天然ガスは役割拡大の重要なエネルギー源およびミドル電源の中心的役割、石油は今後とも活用する重要なエネルギー源および調整電源」となっている。

　しかし実際には、この従来の構図は崩れてきている。太陽光の普及が著しい九州電力が代表例だが、石炭を含む火力発電の調整電源化が進んでおり、揚水発電が存在感を増している。天然ガスは燃料価格や需給動向いかんによりベースからピークまで柔軟な役割を演じている。火力発電は、再エネの拡大に伴い、ここで示されているようなステレオタイプの定型化は難しくなっていくと考えられる。

　一方、政策対応は「化石燃料の効率的・安定的利用」を掲げ、引き続き高効率火力発電の有効活用を進めることとなっている。高効率に絞る制度的担保としては、エネルギー高度化法よる非化石比率44％、省エネ法による発電効率44.3％を継続する。クリーンコール技術として石炭ガス化コンバインドサイクル発電（IGCC）やCO_2回収・利用・貯留技術（CCUS）の開発・実用化を挙げ、高効率発電技術の海外支援を継続するという内容だ。

　化石燃料、特に石炭火力に関しては、日本は、国際金融機関、国際NGOなどから厳しい批判を受けている。火力発電技術の実力をつけた中国も、一帯一路政策などで石炭火力の支援を行っている。その中国が日本ほど批判をされないのは、再エネ開発において圧倒的な実績を示すなどCO_2削減に前向きな印象を持たれているからであろう。

◆環境が激変する中での現状維持の違和感

　2.1節では、第5次エネルギー基本計画について、2030年断面のエネルギー資源ごとの記述に焦点を当てて、整理・考察した。第5次エネルギー基本計画では、再エネへの期待は高まっているが、基本的には今までの考え方を継続している。

一方世界では再エネの爆発的拡大、石炭火力を中心とする化石燃料の投資抑制が進んでいる。国内でもベース電源たる原子力の稼働がままならず、九州電力をはじめとして揚水・火力の役割の変化が顕著になってきている。第5次エネルギー基本計画の、このような旧来のステレオタイプの認識と表現は改める時期に来ていると筆者は考える。

2.2 再エネ目標値とエネルギー自給率

　この節では、エネルギー基本計画における数値目標を取り上げ、これについて考察する。第5次計画では、第4次計画を踏襲し2030年目標値とその根拠となる需給見通しは据え置いている。目標値は発電電力量の構成比がメインであり、それはCO_2削減量、自給率などにも反映される形となっている。あるいは、CO_2削減率をも睨んで、電力構成比（特に火力間の比率）を決めたとも言える。2050年は「エネルギー情勢懇談会」の議論を踏まえて、目標値は設定してない。

2.2.1　再生可能エネルギー目標値について
◆4年間の環境変化は再エネ増加を促すもの

　第5次エネルギー基本計画では、現状は「着実に進捗している一方で道半ば」との評価の下で、2030年度目標値は据え置かれている。しかし、この4年間でどのような状況変化があったかを再度取り上げてみよう。

　最大の変化は再エネの大幅コスト低下と爆発的な普及である。再エネは、世界の2016年電源開発量（容量）の8割を占めた。無限に存在する資源が低コストで入手できる可能性が出てきたわけで、まさにエネルギー革命である。

　また、原油価格は100ドル台から大きく低下した。再エネ普及およびシェール革命を背景として、今後も低めで安定的に推移する予想も根強い。一方政府は、燃料費と再エネ賦課金の合計を「電力コスト」と称し、これをある範囲内で収めることとしている。これは、再エネ開発に事実上の枠をはめていることになる。その一方、燃料費負担は2013年度より3.5兆円減少し、2030年度見込みを3～3.3兆円下回る水準となっている。すなわち、3兆円程度再エネ賦課金を増やせる余地が出てきている。

パリ協定の締結も非常に大きな環境変化である。2050年までにゼロエミッション目標を掲げるグローバル企業が多くなった。CO_2削減に真剣に取り組む中で、エネルギー調達を再エネで賄おうと考える日本企業が増えている。また、3.11大震災後7年を経過したが、原子力への国民理解は進んでおらず、その目標達成が危ぶまれている。もう一つのゼロエミ電源として再エネがより前に出なければならない状況になっている。

　こうした環境変化はいずれも再エネ増加を必然的に促すものである。それにもかかわらず、30年目標値である22～24％は変わらない。再エネは「主力電源へと期待」されるが、「高コスト」、「間欠性」、「事業安定性」などの「明らかになった課題」を克服する「目安」を得る時期としている。2050年断面では、その目標数値ですら出ていない。

◆2050年時点の再エネ比率、8割は必要

　2050年時点では、日本は温室効果ガス8割以上削減を公約している。ネットでゼロエミが実現されている必要があり、エネルギーのなかで実現しやすい電力は100％近く達成されなければならない。その意味で環境省が9割超のゼロエミ（低炭素電源）を想定しているのは当然のことである。ここまでは、議論の余地はない。ゼロエミ電源としては再エネ、原子力、CCS（Carbon dioxide Capture & Storage）付き火力発電となるが、経済・技術などの蓋然性からして再エネが主役とならざるをえない。ところが、計画では、長期であるがゆえに不確実性が高く決めつけないほうがいいとの理由の下に、数値を出していない。

　エネルギー基本計画を巡る議論においては、最終的にはエネルギー全体（1次エネルギー）に係る目標となり、資源の切り口での議論となる。そうだとしても2次エネルギーである電力の位置付けは大きい。電力の100％近くが再エネ主導でゼロエミとなると、1次エネルギーは大きく縮小し、省エネ化が進む。最終エネルギーも、自動車などのより効率的な電動化によって大きく縮小する。

　全体の予想が難しいのであればEUなどのようにCO_2、省エネ、再エネの目標だけでも示すべきである。

2.2.2　エネルギー自給率は最重要目標値

◆エネルギー自給率は最大の目標

　全体を通した根本的な違和感は、脱炭素化が喫緊の課題に浮上している一方で、資源確保が一番手の政策対応となっていることである。セキュリティ上エネルギー調達が重要であることは否定できないが、石油危機当時の考えが強く出すぎており、脱炭素化の奔流、それを支える技術・システム革新の登場・普及の扱いが小さくなっている。このため過去のエネルギー基本計画とほとんど同じような表現が多く登場する。

　いつの時代もエネルギーセキュリティが最重要課題であるのは論をまたない。エネルギー政策目標である3Eの筆頭に位置している。しかしその達成手段の基本は国産資源を開発・利用すること、すなわち自給率を上げることにある。EU指令などにおいても、再エネ普及の目的は、温暖化対策よりもセキュリティが上位にあり、産業競争力確保も明記されている。四方を海に囲まれ、雨量が豊富で、森林資源や地熱にも恵まれた日本は、自然エネルギー大国である。メタンハイドレートも膨大な埋蔵量を誇るとされる。

　食料と木材の自給率については、それぞれ45%、50%の国家目標を掲げ、その実現に向けて政策を整備してきた。木材は最低水準であった2002年度の19%から2016年度は35%に上がってきた。絶望的に見えた自給率向上であるが、地道な路網整備、機械化、高効率な製材工場の整備、FIT適用によるバイオ燃料の活用などにより着実に上昇している。

◆資源自給率、技術自給率を強調しているが

　第5次エネルギー基本計画で登場する自給率は、「資源自給率」および「技術自給率」である。結果としての（国内エネルギー）自給率の数字は出てくるが、ターゲットとしては掲げられていない。また資源自給率には海外での自主開発資源を含んでいる。自給率が上がれば自主開発へのプレッシャーは低くなる。海外資源は化石燃料とほぼ同義であるが、脱炭素化の大きな流れの中で、シェール革命、再エネ・省エネ革命とも相

まって、化石燃料の資産価値の縮小が議論を呼んでいる。いわゆるストランドアセット（座礁資産）の議論である。このため投資のリスクを慎重に見極める必要が出てきている。資源メジャーや大規模エネルギー会社が資源投資に慎重になってきている状況にあり、価値が下落し評価損に苦しんでいる日本企業も少なくない。

　第5次計画では、中国を念頭に置いた記述と思われるが、新興国の購買力、資源取得力、流通ルート掌握力などが我が国の安定調達を脅かす可能性に警鐘を鳴らし、対策を講じることの重要性を強調している。これは、かねてより存在し予想できた事態ではあるが、脱炭素化の流れはむしろこの懸念を弱める方向に働くと考えられる。

　中国・インドなどは、化石燃料だけでなく、むしろ最近は再エネ開発に注力してきている。中国は、ブルームバーグなどの試算によれば、2017年の世界の再エネ開発投資の1/2以上を占め、米国の3倍を記録した超再エネ大国である。膨大な電力需要の中で2017年度は電力に占める再エネの割合は26％に達した。インドも急速に再エネ開発を進めており、2022年度には電力設備容量の5割は再エネになる見込みである。

　計画では、こうした再エネが活躍する事態にも触れているが、新興国を巻き込んだ技術競争という認識の下で警鐘を鳴らしている。「技術自給率」という表現がその象徴である。残念ながら我が国は再エネ開発に出遅れてしまったが、その奔流に追いつき・追い越すのが本筋であろう。技術のある我が国が本気になれば十分に可能だと思われる。

　「技術自給」は、聞き慣れない言葉であるが、これは「技術を他国に握られると、いざという時に製品輸出を止められる懸念があることからキーテクノロジーは確保しておく必要がある」という意味のようである。これに関しては、まず再エネの主役であるソーラーパネルは中国メーカーが世界を席巻しつつあり、風車、蓄電池などでも存在感を増している。しかし、これらに輸出規制がかかることで窮地に陥る事態は考えにくい。どちらも工場で作られるコモディティであり、枯渇性資源に比べると代替ははるかに楽で、いざとなれば国内生産で対応できる。また、パネル、風車などの耐用年数は30年程度と長く、コストゼロの国産エネルギーを

長期間利用し続けられる。

　第5次計画では日本が競争力を有する蓄電池、水素関連技術を中長期的視点で強化すべきとしている。しかし技術は市場が生む側面が強くなっており、一定以上の市場規模と生産を保証する制度こそが技術競争を後押しする状況になっている。

　ここまでで述べたように、エネルギー基本計画を策定する上で重要となる再エネ目標値、エネルギー自給率については、第5次エネルギー基本計画の内容では不十分であるとしか言いようがない。

◆前倒し策定が不可欠な第6次エネルギー基本計画

　計画での数値目標であるが、第1次計画から第3次計画までは、計画と数値（長期需給見通し）はセットで策定されており、これが本来の姿と考えられる。しかし第4次エネルギー基本計画では、文章による定性的な方針と需給見通しの数値が分離されており、前者は2014年4月、後者は2015年7月にそれぞれ発表された。原則3年ごととなる計画の策定時期に数値が間に合わなかったということだ。これについては、原子力への理解が進まないなかで数字を伴う議論はやりにくかったから、との憶測もあった。また、2015年11月に開催されるCOP21パリ会議に間に合わせるぎりぎりのタイミングでもあった。当然ではあるが、結果として第4次計画に示された方針に沿った数値となっていた。

　第5次エネルギー基本計画は、前回の需給見通し作成から3年経過しているにもかかわらず数値を変えていない。そのため基本方針も変わっていない。3年後である2021年にも予想される第6次エネルギー基本計画まではこのままということになるのだろうか。

　これについては、パリ協定との関係がポイントになる。パリ協定では、5年ごとに上方修正を前提とした削減策の見直しが義務付けられており、2020年が提出期限となる。また、2050年をめどにした排出削減の中長期戦略を2020年までに提出する必要がある。パリ協定の下では、3年もの猶予期間はない。前倒しでのエネルギー基本計画が見直される可能性は高いし、そうあるべきだ。

2.3　再エネ推進は最大の省エネ対策

　ここでは、省エネ政策について取り上げる。省エネは最重要政策の一つである。自国民が対応するという意味で国内発（国産）であるし、燃料消費を減らすという意味でゼロエミである。そして一般に低コストの対策とされる。エネルギー政策を考える際にまずは需要予想を行い、それに省エネを織り込んで正味の需要を算出し、それを基に最適な供給（ミックス）を考える。

　これまで日本においては、省エネとは常に需要家サイドで実施する、努力すべきものであった。「もったいない」、「節約」の精神である。それは重要だし、不可欠で尊いものであるが、省エネとはそれだけではない。供給側、メーカー側で対応できるものも多い。供給側には燃料消費を伴わない再エネがあり、これを利用する発想が重要になる。ここでは再エネのもつ省エネ効果について考察する。

2.3.1　長期需給見通しにみる省エネ

　図2-1は、長期需給見通し（2015/7）にみる最終消費量と発電電力量の見通しである。この数字は、2030年目標値が変わっていないため、今回も生きている。一部繰り返しになるが、再度ポイントについて紹介する。

　図の左は2013年の最終エネルギー消費である。この需要の伸びは、経済成長の影響を受けるが、年間1.7%と当時のアベノミクスによって、かなり高い伸びを前提としている。徹底した省エネで、これを13%減らす。これによって高成長率というゲタをある程度カバーしているが、その分省エネ効果に対する信頼性を下げている。いずれにしても、省エネは最終消費の議論になっている。

　そして右側の1次エネルギーの結果になるが、左側の最終消費の節減が、どのような経路を経て1次エネルギー削減に結び付くのかの説明が

図2-1 長期需給見通し（2015/7）：最終需要と1次エネルギーミックス（図1-1再掲）

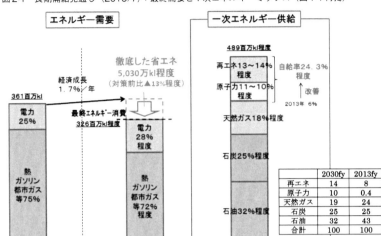

(出典) 資源エネルギー庁（2015/07）

ない。「最終消費」と「1次」エネルギーの間にはエネルギー「転換」領域があり、ここの解説が十分でないことから、川上から川下まで通したエネルギー全体の効率化の実現が分かりにくくなっている。我が国では、省エネの議論は常に最終消費に関することであり、1次エネルギーの効率化という発想は出てこない。電力ロスが目立たないような配慮が働いているのだろう。

2.3.2 再エネ普及は最大の省エネ対策

◆発電ロスを削減する効果

　エネルギーバランスから、再エネ発電と節電による省エネ効果を考えてみよう。エネルギーバランスは、日本の経済・生活の活動状況を支えるエネルギーについて、調達（1次）、転換（2次）、最終消費というかたちに、川上から川下への3段階に分けて、その動向をエネルギー量（ジュール）で示したものである。毎年公表されているが、図2-2は2015年版である（図1-10再掲）。

　既に何回か言及しているが、現在日本の1次エネルギーの9割は化石燃

図2-2 エネルギーバランス概要（2015年度）（図1-10再掲）

1次 〈19810〉 -10.8%/10	転換（2次） 〈▲6262：▲32%〉	最終消費（3次） 〈13548〉 -9.6%/10
再エネ等（8.4%） 原子力発電（0.3%）	電力（41%） *発電効率42.5%	
天然ガス（24%）		家庭（13.8%）
石油（41%）	ガス（9%）	業務等（18.1%）
	石油製品（36%） *車燃料効率 10～15%	運輸（22.7%）
石炭（26%）		産業（45.4%）
	熱・セメント等（6%）	
	石炭製品（8%）	

（出所）エネルギー白書2017年を基に作成

料になる。2015年の1次エネルギーの割合を見てみると、天然ガス、石油、石炭の化石燃料で9割強になる。これは3.11以降の流れで現在、原子力が0.3%になっていることが大きい。

　転換から最終消費に移るときに、エネルギーが32%減少している。これは転換、特に発電に伴うロスが大きいからとなる。

　1次エネルギーの約4割は発電用に使われている。火力発電全体のエネルギー効率は約40%で60%は熱として捨てている。その中でも石炭は33%～35%と低い。電気1を作るのに、例えば火力全体だと2.5倍の燃料を、石炭だと3.0倍の燃料を使うことになる。これに対して、再エネ発電では、燃料はゼロである。このため、火力発電を再エネ発電で代替したとすると、250%から300%の化石燃料削減効果が生まれる。また節電は、使用するはずの電力を使わないという意味で、やはり、燃料消費を伴わない負の発電であり（ネガワット）、再エネ導入と同様の効果を持つ。

　このように節電や再エネ発電で火力を置き換えると劇的な省エネ効果が生まれることになる。これまで日本では、この考え方に基づく劇的な省エネ効果については、あまり注目されてこなかった。

◆運輸ロスを削減する効果

　運輸部門でのロスも大きい。内燃機関の場合、運動エネルギーへの転

換効率は10から15％と非常に低く、残りは熱として消散する。この効率を上げることが省エネに大きく寄与する。

　運輸部門での省エネで重要なのは電動化で、電気自動車の省エネ効果は大きい。内燃機関の効率は10〜15％だが、ハイブリッドだと2割強になる。EVの場合、電源が石炭だと20％、天然ガスだと30％、再エネだと60％の効率となる。自動車の省エネについてトータルで考えると、電気自動車を再エネ電力で利用することの効果が極めて大きい。逆に、電気が全て石炭からできている場合には効果は限られる。なお、車両の効率性については多くの数字がある。ここでは筆者の判断で各種情報を基にザックリとした数字を使用している。

　EUが戦略として再エネ由来の電力を増やそうとしている理由はここにもある。1次エネルギーの化石燃料を減らすためには火力発電を燃料フリーの再エネで代替する効果が大きい。これは、エネルギーロスの削減すなわち省エネ効果である。そしてまた、電動化による運輸の省エネ効果に再エネ電力は大きく寄与する。

◆**求められる発想の転換**

　特に日本においては、節約は美徳であり、消費する側は真面目に省エネに取り組んできた。省エネの機運はそれに対応する機器やシステムの開発をも誘発し、競争力強化に寄与した側面もあった。今後も消費者の意識が重要であることは論をまたない。しかし、パリ協定の遵守を目指し、ゼロエミを目標とする場合は、節約、省エネ開発だけでは、達成は不可能であるし、消費サイドに過度の負担を強いることになる。このため供給サイド自身がゼロエミを目指すことが不可欠となる。特に燃料を使用しない、あるいはコストゼロの資源を利用できる可能性のある電力については、その生産過程でゼロエミを目指すことが不可欠になる。それは、産業の競争力や生活者の満足度を維持する上でも重要になる。

2.4 技術が市場を作るのか、市場が革新を生むのか

◆第5次計画、エネルギー情勢懇談会が強調する技術革新

　第5次エネルギー基本計画やその参考とされた2050年を展望するエネルギー情勢懇談会の提言では、脱炭素や産業育成において、環境・エネルギー技術の革新が不可欠であることが強調された。この節では、エネルギー・環境技術開発について考察する。

　第5次エネルギー基本計画・懇談会提言では、「再エネの調整力」として、日本が技術の優位性を持つとする蓄電池、水素に力点を置き、期待している。どの資源にも決めきれない不透明性があるなかで、他国への依存のない「非連続的な」技術開発と産業競争力の確保の重要性を強調する。

◆太陽光は既存技術で大量生産する中国が圧勝

　技術と産業競争力の関係に関しては、近年いろいろな議論があった。「優位な技術があれば自ずと産業の競争力がついてくる」という考え方がある一方、「関連市場規模の明確な見通しの下で技術開発が進む、政策的に市場創造を担保することで技術はついてくる」という考え方がある。近年の動向をみると、後者が前者を圧倒しているように見える。技術立国としての成功体験を持つ日本はこの間、特に煮え湯を飲まされてきた。「市場を作る」ことの視点に欠けていたことが、近年苦戦を強いられてきた大きな要因だ。

　エネルギー関連の技術開発での代表的な例は、まさに再エネである。太陽光発電は、新エネルギー技術開発の模範とされ（唯一の成功例とのシニカルな見方もあったが）、2000年代前半までは、シャープを筆頭に日本メーカーがパネル生産の上位数社を独占していた。ところが、ドイツ

が2004年にFIT制度を拡充させたことを皮切りに、欧州を中心に市場が急拡大した。それ以降、低炭素化の波にも乗り、世界でパネル需要が急拡大した。この動きを逃さずに大量生産に打って出たのが中国メーカーである。技術でトップを走っていた日本は省シリコン、省スペースなどを目指して、変換効率向上、薄膜技術などの開発を進めた。しかし、勝者になったのは、大量生産で従来技術の結晶シリコンのコストを劇的に下げた中国勢だった。

◆欧州洋上風力はゾーニング等で市場創造

　世界の再エネ普及をリードしている風力発電も同様の市場拡大を示している。FITを中心とする欧州の再エネ推進策により、比較的低コストである風力は大幅に伸びた。そして陸上が手狭になると洋上に打って出た。沖合での建設・メンテナンスに新たなノウハウを要するなど、陸上に比べて2〜3倍のコストがかかるとされたが、20年足らずで陸上コストにも伍するような事業が登場している。これも、政府が中心になり、開発スケジュール策定、海域のゾーニングと募集、環境アセスメントやインフラの整備などを行い、事業の予見性を高めて事業リスクの低減を図った。これに民間事業者が果敢に対応した結果、生まれたのが今の市場である。市場規模などの事業予見性があると、技術開発やコスト低下が実現するのである。この流れの中、大型のブレード（羽根）、基礎構造物、直流送電線、交直変換装置などの技術開発が実際に成し遂げられた。

　こうした市場規模を明示した予見性の重要性に関しては、MHI-Vestasの山田正人CStOが2017年6月の再エネ大量導入研究会にて詳しく説明している。「技術開発は市場創造とともにある」のである。基礎研究とは異なり、事業性を睨んだ技術開発は具体的な目標があってこそ進むと言える。

◆再エネ・技術・産業振興セットが欧米の戦略

　再エネ普及をエネルギー政策の柱に据える欧州においては、技術と産業競争力は、当初から政策の主要な目的の一つとなっている。再エネ、

省エネ、分散型そして技術・産業振興が最初からセットになっている。これは、EUだけではない。米国は、連邦政府ベースでは明確な規定は見当たらないが、州レベルでは戦略として明示されている。代表例は、再エネ電力比率50％を州法で定めているニューヨーク州、カリフォルニア州である。

◆再エネ普及の基本環境整備としてのシステム改革

　再エネ普及のためには、FITなどのインセンティブが不可欠であるが、それに加えてインフラである送電線利用の中立化、送電計画の重視、取引市場の整備・革新が大きな役割を果たす。限界コストが反映され、変動性を吸収する柔軟性が活躍する上で、取引市場は大きな効果を発揮する。こうした「システム改革」（ソフトパワー）が再エネ産業拡大の基盤となっている。EUはこのためのEU指令を定め、加盟諸国は指令を受けた国内法令により着実にこれらを整備してきた。

　また、開発した技術が標準化されるためには、国際的に認知される必要があるが、ここでも市場規模が大きな意味を持つ。そこに大きな市場があるだけではなく、新たな市場を作っていこうとする構想力、意思が大きな役割を果たす。

　エネルギー情勢懇談会提言・第5次エネルギー基本計画では、この重要な「市場創造」、「ソフトパワーの整備」が全くといっていいほど抜け落ちている。再エネ、CCS付き火力、革新技術による原子力、蓄電池付き分散型などに分類した選択肢に、どれも一長一短があることを強調しており、優先順位が分かりにくい。このため予見性に乏しく、投資誘因が起きにくい。最悪共倒れになる懸念もある。

◆蓄電池と水素はシステム改革実現後に有効

　日本が強みを持つ分野として、蓄電池と水素が相変わらず強調されている。今回は単品ではなく、太陽光発電などの分散資源やIoTとの組み合わせを「システム」として提言しているところは、前進と言える。しかし、そのシステムは、家庭・事務所・車両などオンサイトの発想であ

り、ローカルネットワークに主眼が置かれている。大型蓄電池も電力流通設備に設置される発想である。このような分散型システムをローカルで整備する発想は正しい方向であるが、それだけではない。その前にやるべきことがある。

　情勢懇や第5次エネルギー基本計画では、巨大な蓄電システムともいえる広域電力ネットワーク、それを運用する系統や市場の活用の視点が全くといっていいほどない。海外では、まずこの既存大規模インフラの有効利用に焦点を当てるが、これが最も低コストで有効という認識が浸透しているからだ。蓄電池単体というよりは、ストレージ（蓄電設備）として、揚水、バッテリー（蓄電池）、フライホイール、熱、燃料などの幅広い範疇にわたる。これらが市場を通じて運用されており、これらを市場に統合（インテグレート）させるための方策が先行している。

　欧州では、分散型資源を集めて運用するVPP（Virtual Power Plant）が商業化の段階に入っているが、取引市場整備がその基礎を成している。米国では、2018年2月に連邦エネルギー規制委員会（FERC）が市場運用者であるISO（Independent System Operator）に対して、エネルギー、アンシラリー、容量の各電力市場において各種ストレージが取引可能となるようにシステムを構築するように、オーダー841を発した。これはまさに単品ではなくシステムである。

2.5　諸外国政策の解釈

　エネルギー情勢懇談会や第5次エネルギー基本計画では、「主要な諸外国」としてドイツ、英国、フランスを取り上げて、そのエネルギー政策を評価している。しかしそれは、不正確でミスリードする内容になっている。ここでは、ドイツを中心に諸外国のエネルギー政策について、資源ごとのバランスに焦点を当てて解説する。

　第5次計画や2050年を見渡すエネルギー情勢懇談会において、将来情勢の認識が示された。CO_2削減に焦点を当てたときに『各国は、野心的だが達成方法を決め打ちしない「長期低排出発展戦略」を公表、脱炭素化への変革意思を表明。』としている。これは、2050年断面において、複数のシナリオを並列するのみで数値目標を示さないことの根拠の一つにもなっている。現時点の削減状況に関して、「再エネ一辺倒のドイツは苦戦し、原子力の選択肢がある英国、フランスは比較的順調である」としている。

◆EU方針は明確に再エネ主導

　決め打ちしないという「各国」分析は、含みのある表現で完全には否定しきれないものだが、それは正確なのだろうか。多くの国がある中で、例として挙がったのはドイツ、英国、フランスである。これらは確かに欧州の大国ではあるが、EU加盟28カ国のなかの3カ国であることもまた事実である。

　2009年、ラクイラG8サミット、COP15コペンハーゲン会議が開催され、2050年時点での先進国の温室効果ガス8割以上削減が決まった。EUは、省エネと再エネに軸足を置いてこれを達成していく基本方針を定めている。

　2020年目標としてCO_2削減、省エネ達成、再エネ普及に、いわゆるト

リプル20として、それぞれ20%の目標を掲げた。パリ協定に対応する2030年目標としては、CO_2の40%削減、省エネ32.5%、再エネ32%を決めている。再エネの数字（割合）は電力に対してだけではなく、熱、燃料まで含めた全体に対する数字となる。電力の中だけの割合で見ると2020年の20%は35%に、2030年の32%は50〜60%に相当する。EUの2030年電力に占める再エネ比率目標は50〜60%にもなるのである。これを基に加盟国に数値目標が配分される。2016年のEU加盟国平均の再エネ比率は30%になる（図2-3）。

図2-3　EUの再エネ比率（電力最終消費、2016年）

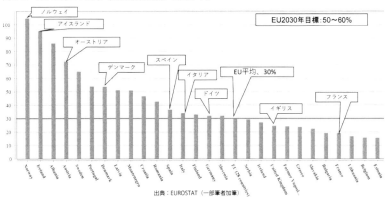

出典：EUROSTAT（一部筆者加筆）

◆ドイツ：再エネ一辺倒ではない

さて、例に挙がった3カ国について順に見ていこう。それぞれ、第5次エネルギー基本計画が指摘するような面がないわけではない。しかし、それとは異なる事実、見方もある。

まずドイツであるが、「再エネ一辺倒だが、CO_2削減は滞っている」とされている。この「再エネ一辺倒」と表現されたドイツは、ロシアとの間でバルト海に天然ガスパイプラインを通す大事業「ノルドストリーム」を敢行している（図2-4）。ノルドストリームは2011年に完成・稼働し、現在2ルート目の建設中である。

この一大事業は、2000年に脱原発を決めたシュレーダー政権時代に、

図2-4 ノルドストリーム・ガスパイプライン事業

(出典)Wikipedia https://ja.wikipedia.org/wiki/ノルド・ストリーム

当時のプーチン政権との間で合意に達したもので、原発減少分を再エネ、省エネそして天然ガスでカバーしようとしたものだ。また、当時ロシアから欧州に向けた天然ガス輸送の8割はウクライナを経由していたが、これがウクライナのガス代未払いなどから不通になることがあり、ロシアを含む欧州全体に大きな影響が及ぶ懸念があった。欧州全体の利益の視点に立って代替ルートを整備したのである。事業会社には、オランダ、英国、オーストリアの会社も出資している。確かにドイツは再エネ主導でのCO_2削減を目指しているが、このノルドストリームを見れば、ドイツが「再エネ一辺倒」という表現が適切とは言えないことが分かるだろう。

　CO_2削減が滞っているという指摘については、確かにEU全体を見たときにドイツの削減は緩慢である。しかし、次のような要因があることを見逃してはいけない。まずドイツの目標である2020年時点の1990年対比40％削減は、それ自体かなり野心的なものであることがあげられる。次に、再エネ普及と取引市場整備が奏功し、電力市場価格は欧州大陸で最も安くなり、その結果ドイツは電力輸出国となった。数字上は原子力の減少分を再エネが十分に賄っている。現状で国内出力の約1割が輸出されており、当然その分CO_2排出は増えることになる。

　最大の課題は、褐炭を燃料とする火力発電がなかなか減らないことであろう。旧東ドイツ地域を中心に長年地域産業を担ってきた歴史があり、政治的に簡単には廃止に踏み込めない事情もある。褐炭は水分を多く含みCO_2を多く排出するがコストは安い。欧州の排出権取引市場は、制度

設計上の問題もあり、炭素価格は低水準で推移してきている。すなわち、市場メカニズムでは褐炭は減りにくい。この傾向は欧州に共通しているが、これを是正するため褐炭を含む石炭を規制により強制的に削減する方向にある。英国、フランスは2025年までに全廃する方針である。EU加盟国のうち1/2以上は、2030年までのフェーズアウトを決めている。

　ドイツでもこれはここ数年来の最大の課題となっている。全関係者が参加する通称「石炭委員会」にて2018年度中に結論を出し、2019年にはフェーズアウトの時期を公表する予定である。

　ドイツは実際に、原発減少を上回る再エネ増加を、供給信頼度を損なうことなく実現している。最終消費に占める再エネ割合は、2017年は36.1%を記録し、2020年目標である35%を既に超えた。2030年の目標50%以上を65%以上とする上方修正も決まっている。褐炭問題に決着がつけば、一気にCO_2削減が進むスキームがもう出来上がっていると言える。厳格なEU目標の中、そのリーダーであるドイツが公約を守る可能性は高い。

◆英・仏：原発継続国はお手本なのか

　第5次計画では、新規原子力発電建設を進める英国は「上手くいっている」部類に入るとしているが、そうとは言い切れない。

　英国は、1990年代から先行して電力自由化を実施してきており、試行錯誤の中で、成功した面もあれば課題として残っている面もある。ただ、常に努力してきた点は評価できる。その一方、北欧や大陸の他の欧州地域からみると、必ずしも自由化の成果は出ていない。英国は6大事業者の寡占体制となっており、価格メカニズムが働きにくいという指摘もある。北欧の電力取引所であるノルドプールが英国に進出しているのも、自前の市場が不十分だからとも言える。また、洋上風力で存在感は出しているものの、陸上風力を含め他の再エネ普及は十分とは言えない。

　一方で、温室効果ガス削減には一貫して積極的で、高い目標を掲げてきた。その苦肉の策として、石炭の強制廃止や、開発が途絶えていた原子力発電の開発に依存せざるをえなかった。これはよく指摘され英国政

府も認めていることだが、新規原発の開発コストは非常に高い。英国内電力市場価格の2倍以上、ドイツ市場の3倍程度となっている。この価格を35年間保証するのである。

フランスは化石資源に乏しく、戦後のエネルギー安全保障を自国開発の原発に依存してきた。電力に占める原発依存度は7割強となっていて、安全保障や低コスト、CO_2低排出に貢献してきた。一方で、運転の柔軟性に欠ける原発依存に対しては、低需要時期の電力輸出増や出力抑制などによる調整が不可欠となる。また冷却水が不足する渇水期は電力輸入に頼ることになっている。

フランスでは多くの原発が老朽化し、今後更新時期に入る。しかし、積み上がる使用済み燃料やプルトニウムの処理・処分の問題、増大する安全対策を前提とした新規投資の高コスト問題などが目白押しとなる難しい時期に差しかかっている。欧州では再エネが最も安い電源となってきており、自国内での再エネの開発、連系線を通じての調達の合理性が高まってきている。同国は再エネ開発にも力を入れており、2016年度のシェアは19%と日本の15%を上回っている。またフランスは、原発の比率を2030年までに50%に引き下げることを決めている。

このように、第5次エネルギー基本計画が例に挙げた3カ国は、多様な評価・解釈ができるが、第5次計画では、再エネ偏重（としている）か原発も活用しているかという一面から見た解釈に留まっている。しかし3カ国を包含するEU全体をみれば、その方向は明白である。既に10年前に決めた方針はぶれていないのだ。

◆ドイツだけではない「再エネ主導によるCO_2削減」

再エネ主導によるCO_2削減、低炭素維持を実現している国は、北欧諸国、アイスランド、アイルランド、スペイン、ポルトガルなど多く存在する。繰り返しになるが、EUとして温室効果ガスについて2020年に20%削減、2030年に40%削減を決めているし、再エネ発電としてシェア35%、50〜60%を決めているのだ。

米国の主要州もCO$_2$削減に熱心である。大型ハリケーンや寒波の影響を受けるニューヨーク州、熱波や山火事が頻発するカリフォルニア州（GDP世界5～6位相当）は、2030年で50％の再エネ目標を州法に明記している。石油・天然ガスの大生産地であるテキサス州（GDP世界10位相当）は、風力発電比率20％を既に実現している。

　このようななかで、第5次エネルギー基本計画が、例として挙げた国は限られているし、また例示した国の解釈については疑問に思われる点が多い。

2.6 プルトニウム削減でも基本方針は不変

　第5次エネルギー基本計画は、方針や目標に関しては第4次計画とほぼ同様の内容であるが、一点だけ明らかに異なるところがある。プルトニウムに係る方針である。「プルトニウム削減」が、土壇場で唐突に登場した。この重要な論点が、特に委員会などでの議論を経ることもなく盛り込まれ、事実上政府方針となった。一方で、原子力全体の方針は不変である。ここでは、この問題を取り上げる。

◆トランプ政権の翻意？

　2018年6月10日付日本経済新聞朝刊第一面に「米、プルトニウム削減を日本に要求　核不拡散で懸念　－政府、上限制で理解求める－」との見出しが躍って以降、本件はメディアで度々取り上げられた。その都度日本政府の対応を含む内容が具体化し、情報の信憑性は高まってきた。これは指摘するまでもなく大きな論点である。また、2018年7月が期限の日米原子力協定は、トランプ政権の下で自動延長される見通しとされていたので、なおさら意外な感じがあった。同協定は、使用済み核燃料の再処理を認めるなど、日本の核燃料サイクル政策の根拠となっている。図2-5は、核燃料サイクルを示す図である。

　報道内容に沿って整理すると以下のようになる。
・トランプ政権が日本に対して、プルトニウムの削減を要求してきた。
・背景は、北朝鮮に核兵器廃絶実施を迫っているなかで、核兵器の原料となりうるプルトニウムが相当量生産・保管され（47トン）、六ヶ所再処理工場の稼働に伴い今後も積みを上がる状況を見過ごせなくなった。
・日本政府は削減方針の方向で検討。原子力委員会も近々結論を出す。
・削減策としては、消費できる発電所にて他社保有分を含めて消費する（原子力委員会意見）、国内再処理施設の稼働を調整する等を検討。

図2-5　核燃料サイクル（出典：エネルギー白書2018）

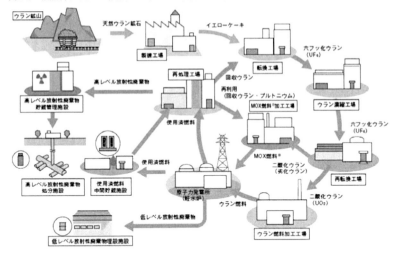

◆分かりにくい電力会社間消費協力

　削減の実施に関しては、報道でも指摘されているが、容易ではないと思われる。まず、プルトニウムの電力会社間による「消費協力」であるが、ハードルは低くない。もんじゅ廃炉により、高速増殖炉で消費する方式は破綻しており、プルトニウムを軽水炉で消費するプルサーマル方式しか残っていない。これは、プルトニウムとウランとを混合したMOX燃料を1/3程度装荷して通常の原発（軽水炉）で消費するものである。これまで海外で製造されたMOX燃料を、安全審査承認および地元了解が得られた発電所にて消費した実例がある（玄海3号、高浜3・4号、伊方3号）。

　プルトニウムは、原発を稼働すると装荷したウラン燃料の一部がプルトニウムに転換されて生成される。日本は使用済み燃料を再処理してウランとともにプルトニウムを抽出し再利用するいわゆる「再処理方式」をとっている。生成されたプルトニウムは燃料所有者すなわち発電所所有者に帰属する。各電力会社がMOX燃料を（委託）製造し、それを自身の発電所にて、安全審査や地元了解を前提に消費する。これを他社の発電所で消費するためには、地元了解を含めてタフな手続きが必要になる

であろう。

　そもそもMOX燃料を譲渡される（燃焼の委託を受ける）事業者は自身が所有するプルトニウムの消費で手一杯だと思われる。譲渡（燃焼委託）を行わず、所有者自身の発電所で消費できるようにするのが筋である。そもそも削減は、個別の会社ではなく我が国全体の責務だと思われるし、もしそうであればプルサーマルが可能な発電所を増やしていくしかない。

◆再処理施設稼働調整がもつ大きな意味

　再処理施設の稼働を調整することでプルトニウムの生成量を制御することに関しても、大きな論点を抱える。下北半島六ヶ所村の再処理施設は、まだ建設中であり稼働していない。同施設は、総工事費7600億円の予定で、1989年に事業申請、1993年4月に着工した。しかし、竣工時期は当初予定の1997年から2021年上期に延びている。また、総事業費も2兆9500億円に増加している（2017/7時点）。

　再処理施設はまだ運転開始前であるが、今回のプルトニウム削減方針により、運転開始後どの程度稼働できるかが不透明になった。再処理工場の最大処理能力は800トン・ウラン／年で、これは100万kW級原子力発電所約40基分の使用済み燃料の処理能力に相当し、核分裂性のプルトニウム約4〜5トン／年が分離・生成されることになる。一方、電気事業連合会は、プルサーマルは16〜18基にて実施するとしており、この場合は、プルトニウムは年間5.5〜6.5トンの消費が見込まれる。使用済みMOX燃料の再処理を前提としなければ、プルトニウムは減少していくことになる。

　しかし、どれだけの基数が再稼働しプルサーマルを実施できるかは不透明である。また、使用済みMOX燃料の「処理・処分」の方策については、第5次計画では「引き続き研究開発に取り組みつつ、検討を進める。」と歯切れが悪い。

　このように再処理施設は、運転開始することができたとしても低稼働を余儀なくされる可能性が出てきた。また、六ヶ所村では、MOX燃料加

工工場も建設中であるが、竣工時期は2022年上期の予定である。2017年12月に再処理施設およびMOX燃料工場は、竣工時期がそれぞれ3年間延期された。延期は、再処理施設が24回目。MOX燃料工場は6回目である。両施設は工程の前後となっており、1年程度竣工に間隔が設けられている。どちらかが原因で延期となっても、その影響を受けると思われる。

　プルトニウム削減方針の明記は、再処理路線の在り方の議論にも繋がり、大きな節目となる可能性がある。このようなバックエンド事業は、原子力事業の遂行および電力会社の経営に関わる大きな問題である。しかし、冒頭に記したように、今回十分な議論がなされた気配もなく、唐突にこの部分が現れた。原子力全体としては第4次エネルギー基本計画を踏襲しているのだが、このプルトニウム削減の箇所には大きな違和感が残る。

2.7　総括：2050年整理は「補論」

　ここでは、2050年断面における議論を整理し、計画全体を総括する。

◆第5次計画は2030年の計画

　第5次エネルギー基本計画は、2018年7月3日に閣議決定されたが、全3章、105頁から成る。構成は、第1章「構造的課題と情勢変化、政策の時間軸」、第2章「2030年に向けた基本的な方針と政策対応」、第3章「2050年に向けたエネルギー転換・脱炭素化への挑戦」である（本書付録1参照）。

　このうち第2章が81頁を占め、主役であることが分かる。今次基本計画は、2030年断面における在り方、目標を決めるものであり、これは十分理解できる。第2章第2節はエネルギー源毎の位置付け、政策が簡潔に整理されている。「再生可能エネルギーは重要な低炭素の国産エネルギー源」、「原子力は重要なベースロード電源」、「石炭は重要なベースロード電源の燃料」等の第4次計画と同一のエネルギー基本計画であることを象徴するような表現が並ぶ。なかでも、第2章第2節で解説される11項目の「政策対応」は61頁にもおよび、最も重要な位置付けになっている。目標を達成するための具体的な手段を記しており、これも理解できる。

◆2030年は前回と不変だが肯定できる点も散見

　この2030年目標については、メディア等で言い尽くされた感もあるが、前回と目標値は同一で基本的な位置付けや方向も不変である。これはやはり問題である。

　「原子力の位置付けは変えない」との基本枠組みのなかで、身動きが取れなかったようだ。一方で、前回から4年経過しており、再エネの爆発的普及、パリ協定締結という激震、シェール革命の現実化等の劇的ともいえる変化が生じた中で、詳細に読むと、この間の動向を踏まえた記述、

肯定しうる記述も少なくない。特に、再エネの箇所は、9100万kWものFIT認定、系統接続ゼロ問題の勃発とそれへの対応等の現実が生々しくあり、また政府も「再エネ大量導入・ネットワーク小委員会」で精力的に課題解決に向けた議論を行っており、納得できる整理や対策が盛り込まれている。また、資源については、前回に比べて天然ガス上げ石炭下げのニュアンスは出ている。

◆2050年は「補論」だが全体のトーンに影響

　一方、第5次エネルギー基本計画第3章の2050年断面の内容は、中身に乏しく、願望と思惑優先で科学的な分析とは言えない。その一方で、文章の格調が高い箇所もあり、計画全体の混乱を招いている。

　ここでの考え方は、将来の話であり「革新技術の勝敗の帰趨は見えず、決め打ちせず、複数の選択肢を全てレビューしていく必要がある」というものである。また、「技術自給」が重要であり、「優位性がある（であろう）水素、蓄電池、火力等大規模システムで世界の競争に勝っていかなければならない」とする。さらに、市場化進展、再エネ普及により信頼性の高い火力発電が追い込まれ、投資回収に支障が生じることを懸念している。

　こうした考えの下で、5つの選択肢を提示する。①再エネ、②水素、③CCS火力、④モジュール型等の革新原子力、⑤蓄電池制御の分散型資源、である。将来の革新技術と結びつくことにより、2次エネルギーの主役となる水素、分散型システムとセットの蓄電池のみならず、火力、原子力が一方の選択肢となる。これらの優劣は、今は決め切れず、常に「科学的レビュー」を行って時々刻々判断していくとしている。

　2030年断面では、自立等の条件つきながらも再エネが主力電源に浮上し、その対策もかなり具体的である。しかし、2050年断面では火力、原子力、水素、蓄電池とともに横一線の選択肢の一つに留まる。2050年断面では、先進国は80％以上のエミッション削減を公約しており、比較的対策を打ちやすい電力は100％ゼロエミに近づける必要がある。そのような状況からして再エネが真の主役になる可能性が極めて高い。EUの

ロードマップは正にそうなっており、2030年の再エネ目標は50〜60％としている。我が国も環境省の2050年を見据えた「長期低炭素ビジョン」は同じ考えに立っている。

◆政策の一貫性に疑問

　2030年までは「道半ば」の4次計画の目標を着実に追求し、2030年以降は2050年を睨んで技術の決め打ちをせずに、あらゆる選択肢を追求するという考え方だが、革新技術の商業化には時間を要する。再エネは既に商業化しているが、2次エネルギーの中心となるような水素、化石資源が利用できるCCS（CO_2回収貯蔵）は、このタイムラインでテイクオフできるのだろうか。モジュール型原子力を含めて、それらの技術が完成したとしても、最も安くなるとの予想が多い太陽光・風力にコスト面で対抗できるとは思えない。本当にこれで「世界の競争」に勝てるのだろうか。

　この第3章は分量的には少ないが、第1章を含めて、計画全体にわたり多くの箇所で引用されており、それにより先行きの不透明感を醸成している。将来の脱炭素化を担う主役が何か分からないようにしている。政府が1枚紙にて整理した「概要」や「構成」においては、2050年の内容は2030年と同等の扱いを受けている（付録2、付録3）。

　さらに分かり難いのは、前述したように、大規模火力発電を念頭に置いた「過少投資問題」が多く登場することだ。これについては「公益的な課題」に該当するとして、対策の必要性を訴える。これは、自由化・市場化の促進および再エネ普及に対して牽制する役割を果たしている。だが、元の地域独占体制、大規模システムに戻るべきとも言っていない。

　「技術競争」、「難しい課題に挑戦」、「技術大競争時代に国を挙げて立ち向かう」等の格調の高い表現が並ぶのだが、その不透明感は強い。あるいは実のある議論となっていない。筆者は、この第3章はない方がいいと考える。パリ協定締結もあり、2050年を見据えた何らかの記述が必要なのは分かるが、もう少し別な方法があったのではないか。

◆近々の改訂は必至

　よく分からないのは、この内容で、パリ協定上の義務を果たせるのか、評価してもらえるのかという点である。同協定上は、2020年までに、2030年目標を見直し、2050年目標を提示する必要がある。パリ協定では5年毎に目標をより積極的な方向で見直すことになっており、前回の考えと数値を踏襲した今次計画では2030年の前向きな改定には無理がある。また、選択肢列挙の2050年整理で評価してもらえるのだろうか。基本計画は3年毎の見直しが基本であるが、次期改定は、これらを考えるとかなり前倒しとする必要があるだろう。

3

第3章 『第5次エネルギー基本計画』解説

第3章では、第5次エネルギー基本計画について、その目次に沿って筆者がポイントと思った点、気が付いた点についてコメントしている。第5次計画では、基本的な考え方、2030年断面、2050年断面について丁寧には記述しているのだが、重複が多くて結果的に分かりにくくなっている。また、2050年断面の分析において、大胆に大きな変貌を予想することなく、「予想がつかない」として従来の思想、考え方を色濃く出していることも重複感、後退感を助長している。ただし、関係委員会にて1年近くをかけて議論・調査してことが盛り込まれているので、エネルギー全体を網羅し、情報価値の高いものもある。

　その第5次計画の各項目に対して、エネルギー政策の基本的な方向、スタンスに焦点を当ててコメントした。コメントに際しては「中長期的に再エネ・省エネが主力となり、そのための環境整備が重要」という、ここまで紹介した筆者の視点で解説しており、化石燃料資源、原子力などの項目については簡潔に記している。また、化石資源などは従来の考え方がベースにあり、特に変わっていないと判断している。

　なお、第5次エネルギー基本計画の節見出し・項見出しは、その先頭に括弧【】で囲った数字のスタイルに、筆者が特に重要と思った箇所は冒頭に点（・）を付け下線を引いたスタイルにしてある。また、第5次エネルギー基本計画の目次、構成などについては、付録を参照してほしい。

3.1 『第1章 構造的課題と情勢変化、政策の時間軸』解説

【1-1】我が国が抱える構造的課題

　ここは、第5次エネルギー基本計画の冒頭であり、構造的課題を客観的に分析しているように見えるが、全体を通した論調を規定する仕掛けが施されている。要約するとその特徴は、「エネルギー源である再エネ、化石資源、原子力について等しく取り扱おうとしていること」、「我が国が先行する革新技術として蓄電池、水素開発の重要性を強調していること」である。また、両者は互いに補完し合っており、特に水素はCCS技術とも相まって、化石資源を下支えする役割を担っている。ざっくりいうと、再エネの地位下げ、化石・原子力の地位上げの傾向がみられる。

　ここは第5次計画全体のロジックのスタート地点である。若干先走る形にはなるが、以下、その本質に迫る解説を展開していこう。

【1-1-1】資源の海外依存による脆弱性
◆エネルギー自給よりも海外調達

　我が国の海外資源依存度は過度に高く脆弱であることはその通りであり、何とかしなければならない。ここでは、課題として列挙されている一つの項目であり、そのために何をすべきかについては、まだ触れられてはいない。しかし、全体を通して、海外の化石資源をいかに安定調達するかに焦点を当てている。今回の第5次計画のハイライトは（2-2）の「2030年に向けた政策対応」であるが、その筆頭に「資源確保の推進」が配置され、最重要施策であることがうかがわれる。まずこの論点について触れる。

　資源の少ない我が国のエネルギー構造の脆弱性を克服する策として、

海外からの調達の重要性を強調する。これは従来の論調を繰り返し強調するものである。これはある部分当然で、重要なことではある。しかし、「国産資源の開発・利用」、「エネルギー自給率向上」は最重要課題に位置付けられるべきものであるが、ここではあまり強調されない。

　国産資源としては、自然エネルギー、メタンハイドレートが挙げられる。海外諸国では、国内あるいは域内資源の開発と利用が、エネルギーセキュリティの視点から最重要課題となっている。米国や欧州は、国内・域内の化石燃料資源が我が国に比べてはるかに豊富であるが、自給体制を重視する視点から再エネを推進している。この点からして、国産資源でエネルギー自給率を向上させることのできる再エネの普及の本気度に疑問符が付く。

◆座礁資産に向き合うべき

　資源投資に関しては、ストランデッドアセット（座礁資産）の問題がある。大気温度上昇を2℃以内に収めるとの前提では、利用できる化石燃料の量は限られてくる。この水準が開発の権利を有する資源量を下回るとその差は利用できなくなり、投資資金が回収不能となる。この回収不能となる資産がストランデッドアセットと称される。日の丸資源の権利獲得は重要ではあるが、一方で、座礁資産とならないように注意しなければならない。第5次計画には、座礁資産の分析は登場しないどころか、言葉すら出てこない。化石燃料の価値を減じるような議論はご法度なのだろうか。

　一方で、超長期を展望する際には、CO_2を大気中に出さずに化石燃料を利用するクリーンテクノロジーが開発される可能性がある。これを見越して価値が暴落した時点で、低コストにて権利を取得しておく戦略もありうるだろう。こうした柔軟な戦略を検討する上でも、座礁資産の議論は不可欠と思われる。

【1-1-2】中長期的な需要構造の変化（人口減少等）
◆電力化率と地域振興の視点

　ここでは、人口減少を前提としているが、その限りにおいては、電力を含むエネルギー需要は減っていくことになる。一方で、社会の成熟化、脱炭素化の進展に伴い、エネルギー消費に占める電力の割合は高まっていく。いわゆる電力化率の上昇である。どちらの要因が強いかで電力需要の増減が決まる。必ずしも電力需要は減るとは断言できない。

　また、人口減少問題は、地方であるほど深刻度が高い。2014年6月に発表された増田寛也氏と日本創世会議・人口問題検討分科会の提言「消滅する市町村523～壊死する地方都市～」は、大きな反響を呼んだ。一方で、再エネ資源は地方に多く賦存し、再エネ電源が主力として普及すれば、地方経済の下支えとなることが期待される。第5次計画では、このあたりの分析が不足している。特に、風力や地熱は東北、北海道、九州に集中的に賦存しており、これらの地域の振興が期待できる。図3-1は、2017年12月末時点の洋上風力発電事業が計画されている場所と開発量を示している。日本海側の過疎地域に大規模に展開しており、その意味でも注目される。

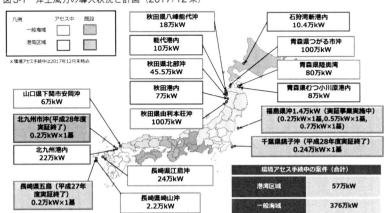

図3-1　洋上風力の導入状況と計画（2017/12末）

出典：立地制約のある電源の導入促進－洋上風力発電の導入の意義と促進策について－　2018年2月22日　資源エネルギー庁

【1-1-3】資源価格の不安定化（新興国の需要拡大等）
◆価格安定化要因の視点の欠如

　ここでは、中国、インド、ブラジルなど新興国のエネルギー需要拡大が見込まれる中で、その動向いかんにより資源価格が変動するリスクを強調している。例として、中国のLNG需要増により最近LNGスポット価格が上昇していることを取り上げている。しかし、資源価格変動は常に存在する。

　近時の原油価格の推移を振り返ってみる（図3-2）。それまで10～20ドルで長年推移していた原油価格は、2004年頃から上昇に転じ、2008年に100ドルを超えた。これは中国経済のテイクオフが主な要因とされる。金融バブルがはじけたリーマンショックにより一時大きく下がったが、比較的短期間で回復し100ドル台に戻った。ところが、シェール革命による米国産原油の急拡大により、油価は低下する方向に向かう。米国シェールオイルの存在感や自身のシェア低下に危機感を抱いたサウジアラビアおよび中東諸国は、油価低下局面にもかかわらず減産を実施せず、油価の低下を放置した。これは、シェールオイルを叩くことを狙ったものとも言われている。しかし、技術開発や生産方法の工夫などでシェールオイルの生産量はある程度維持され、原油価格は一時期30ドルを割り込むまでに低迷した。中東諸国の財政が厳しくなったこともあり、非OPEC諸国をも巻き込んだ協調減産を実施し、次第に油価は上昇してきた。

　このように、直近十数年の原油価格は乱高下を繰り返してきた。近年、欧州の大規模エネルギー会社を中心に、再エネや省エネに係るビジネス、さらにはエネルギーサービスなどの消費者周りに係るビジネスに経営をシフトする動きが活発であるが、それは変動リスクへの対策という面がある。このような状況をみると、新興国の需要増に伴う不安定化という解説は、特筆すべきものとは思えない。

　また、新興国の需要増大は以前より分かっていたことであり、今回新たに判明したものではない。むしろ、再エネコストの低下により、再エネでエネルギー供給をかなり賄えるという算段は、4年前よりも強まっ

図3-2　原油価格の推移（月平均）

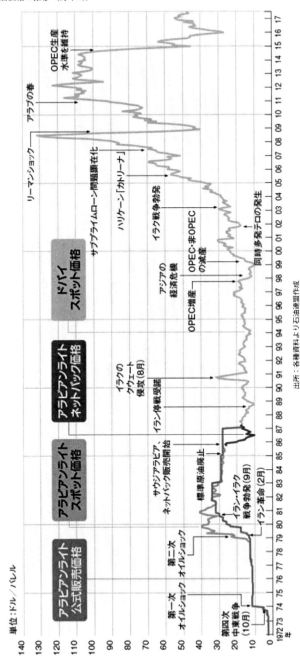

第3章　『第5次エネルギー基本計画』解説　85

ている。またこの間、シェール革命は本物であることがより明確となり、既存の産油国勢力に対抗しうる一大勢力として、また柔軟に生産を開始することが可能な資源として、資源価格の安定化に大きく寄与するようになっている。

【1-1-4】世界の温室効果ガス排出量の増大等

排出量が先進国よりも新興国・途上国のほうが多くなったなどの記述となる。ここに関しては特にコメントはない。

【1-2】エネルギーをめぐる情勢変化
【1-2-1】脱炭素化に向けた技術間競争の始まり

・再生可能エネルギーへの期待の高まり
・再生可能エネルギーの革新が他のエネルギー源の革新を誘発
　・技術：再エネ、化石燃料、原子力等
　・エネルギー転換の「可能性」が高まるも、技術間競争の帰趨は不透明

◆2050年判断先送りは不可思議

世界的に急増する再エネに対し期待が高まっていることは認めているが、化石資源、原子力も長期的には技術開発により脱炭素化の選択肢となりうるとしている。ここでは結論をさらりと紹介しているが、第5次エネルギー基本計画の第3章で展開する2050年に向けた記述では、より詳しい解説が登場する。

ここは、冷静に分析しているようにも見えるが、結論を無責任に先送りしているとも言える。トレンドがはっきりとしてきている昨今の状況のなかでは、情勢変化を見通すことは、さほど難しいこととは思えない。本書の第1章において、この4年間のトレンドを解説したが、ここで再度簡潔に整理してみると、この4年間には構造的ともいえるような大きな情勢変化があった。パリ協定の締結、再エネの爆発的な普及、原油価格の低下、そしてシェール革命の現実化である。技術の帰趨は、再エネ

普及を前提に進むと考えるのが自然である。

　温室効果ガスの削減は、2050年までに吸収可能な量しか排出できないゼロエミッションが求められている。比較的脱炭素が容易な電力については、特に完全なゼロエミの達成が求められる。その手段は再エネ、原子力、CO_2の回収・貯留（CCS: Carbon dioxide Capture & Storage）機能付き火力となる。CCSは、工場、発電所などで発生するCO_2を大気放出前に回収して、枯渇した油ガス田や地中深くに存在する石炭層、帯水層などの地層に直接圧入し、長期間安定的に貯留する技術になる。

　しかし、原子力は安全性をクリアできる技術開発が鍵を握るが、開発できたとしてもコストの問題が存在する。またCCSは、貯蔵場所や輸送に係る安全性確保などに不透明性があり、コスト面でも容易ではない。このことから再エネが中心的役割を演じることになるのは明らかだ。

◆再エネ・省エネの時代

　再エネの爆発的な普及については、2017年度末時点で、風力は5億4000万kW、太陽光は4億kWの累積導入量となった。急激なコスト低下が、これを可能にした。量が2倍増えるとコストは2桁下がり続けるというムーアの法則が当てはまる世界だ。保守的と言われるIEAの見通しでも、2040年まで電源容量の純増は再エネが3/4を占める見通しだ。

　環境省の2050年の「長期低炭素ビジョン」は、この考え方に沿っており、「…2050年80％削減を実現するためには、徹底した省エネ、再エネ等の活用による電力の低炭素化の最大限の推進…」と記されている。

◆EUの判断と戦略

　ここで、再エネが主力になった経緯を振り返ってみよう。EUは、再エネをCO_2削減の主役と位置付けた。長期目標を設定し、そこに到達できるようあらゆる対策を講じた。

　目標設定の重要性は、多くの局面で認識されるようになってきた。その中でも温室効果ガス削減は代表的な事項である。燃料が不要で資本費が大半を占める再エネは、利用される量が長期にわたり明示されると事

業の予見性が高まり、民間事業者は設備投資に積極的になる。それに合わせて様々な技術開発を実現し、コストを下げることも可能になる。目標は長期で大胆なことが望ましい。風力、太陽光がその代表であるが、半導体、蓄電池などの部品、材料などについても同様である。大規模投資を敢行し、一気にコストを下げる。優れた技術が市場を作る可能性は否定しないが、政策に担保された大きな市場が革新を生むのである。

再エネ普及は欧州の政策が起爆剤となった。ポスト京都議定書の議論の際に、欧州は2050年までに1990年対比で8割以上削減することを決めた。これに沿って、CO_2削減、再エネ普及、省エネの3項目について、数値目標を定め、加盟国に割り振る政策をとった。そして2020年までにそれぞれCO_2削減20％、再エネ普及20％、省エネ20％といういわゆる「トリプル20」目標を立てた。

その後パリ協定合意を睨み、当初は2030年までにCO_2削減40％、再エネ普及27％、省エネ27％とした。2018年6月には2030年の再エネ目標を32％に、省エネ目標を32.5％に引き上げた。再エネ目標は電気、熱、燃料のエネルギー全体に及ぶものであり、電気に絞ると2020年の20％は35％に、2030年の32％は50〜60％に相当する。図3-3（図2-3再掲）のように、EU28カ国平均の再エネ電力シェアは2016年度で30％を記録しており、2020年の35％は確実に達成される。EUが50〜60％を目標としているときに、日本の目標は22〜24％である。EUの2050年目標は、2011年に策定されたロードマップで電力はほぼ100％ゼロエミとしている。この目標値の差で、今後の再エネの発展の彼我の差は予想できてしまう。

◆洋上風力コストの低下に見る長期目標の重要性

今回の第5次エネルギー基本計画では、再エネは、条件付きながら主力電源に位置付けられた。なかでも洋上風力については、期待のこもった記述となっている。欧州が洋上風力のコスト低下に成功した主な要因として、事業環境整備を政府が行う「セントラル方式」の採用が挙げられる。我が国もこれを採用する方針であるが、この方式の眼目は、将来の一定の期間にわたって、1ゾーン当たり毎年数十万kWから100万kW

図3-3 EUの再エネ比率（電力最終消費、2016年）（図2-3再掲）

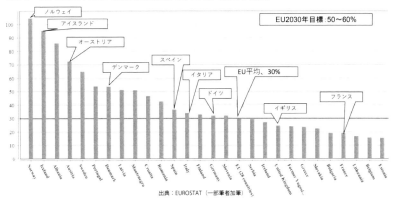

出典：EUROSTAT（一部筆者加筆）

程度の開発量を保証することである。これを基にコスト削減を実現するあらゆる技術開発を行ってきた。その結果が、急激なコスト削減となって現れたのだ。目的が定まれば技術・システムはついてくる。

◆自由化、再エネ先進国のシステムに追いつくこと

　再エネだけが解決策と断言できるのか、という質問も出てくるかもしれない。第5次計画では断言できないとして複数の選択肢を掲げて、数値を出していない。しかし確実に言えるのは、海外が再エネ普及のために実行してきた環境整備を日本も行い、速やかに追いつく必要があることだ。その基礎は、市場取引、中立的な系統運用になる。第5次計画が掲げるいずれの選択肢になろうとも、再エネ普及環境を前提としたものであり、その環境整備を飛ばしていいということにはならない。自由化、再エネ推進の遅れに追いつく発想がないと思われてもしかたない。自由化や再エネ推進の基盤整備を遅らせることが、将来日本を有利な状況に導くようなことは起こりえない。さらに言えば、方向性を言い切ることができないというのは、分析力に問題があるのではないのか。

【1-2-2】技術の変化が増幅する地政学的リスク

・過渡的にエネルギーを巡る地政学的リスクを高める可能性。エネルギー需要大国としての新興国がその影響力を通じて政治的パワーを発揮する

第3章 『第5次エネルギー基本計画』解説 | 89

「地経学的リスク」が顕在化する可能性。

◆新興国は地政学的なリスクなのか

「過渡的」という表現が入っており、この可能性を否定するつもりはないが、誇張しすぎである。4年前と比べて、情勢はむしろ良い方向に向かっている。

この箇所は主に中国を念頭においた分析であるが、中国のエネルギー覇権の懸念はむしろ弱まってきていると考えられる。成長鈍化、産業構造の変化・高度化、大気汚染の悪化など環境問題への対応強化、世界をリードする再エネ開発と技術、南シナ海の人工島建設への批判の高まりと米国の警戒感増大などが背景にある。

世界的にも、再エネの主力電源化、シェール革命による米国の供給国化などは、地政学的リスクを大きく減じる方向に働く。原油価格下落とその後の上昇が一定水準に収まっている状況は、それを裏付けているように思える。

地政学リスクに対する最も重要な施策は自給率の向上であるが、市場取引化も非常に有効である。石油危機時に消費国がとった有効な行動の一つは、石油取引市場を整備し、価格メカニズムを導入したことである。それにより供給側の独占力行使の力を弱めることに成功した。近年、供給側に配慮した硬直的と言われるLNG取引に対して、LNG取引市場創設の動きが活発になっている。世界で整備が進む電力市場でも、多数の事業者が供給する再エネの普及、デマンドレスポンスを含む需要調整手段の活用などにより、少数の供給者が量や価格をコントロールできるようなシステムではなくなっている。これらの知恵とノウハウは既に揃っており、過度の懸念は不要ではないか。

そして再エネ・省エネが代替資源として台頭しきている。中国は現状世界をリードする再エネ大国であり、その分野で培った技術を、新興国を含めて世界に展開しようとしている。化石資源に関する覇権の意図が明確になるようであれば、こうした戦略と齟齬をきたすことにもなる。

いずれにしろ、どこにでも存在する再エネが主役となる時代は、資源が偏在することから生じる地政学的リスクが回避される方向に働く。その意味でも、将来の主役は再エネになると考えられるし、それが望ましいと言える。

【1-2-3】国家間・企業間の競争の本格化

・各国は、排出目標の水準という点で野心的で、「変革の意思」を明確にしているが、具体的な達成方法を明確にしていない。
・欧米の主要企業も、コア事業を見極めながら、新たな技術の可能性を追求している。

　ここも、第5次計画第3章の2050年向けた議論を受けた記述となっている。各国は具体的方策を決め打ちしていないこと、またEU主要国などの例を引いて、ドイツよりも英国・フランスのほうが排出削減に関して順調であることを指摘し、再エネに過度に期待することの危うさをここで示している。

◆EU方針は明確に再エネ主導

　しかし、決め打ちしていないという「各国」分析は、正確だろうか。多くの国がある中で、例として挙げたのは確かに欧州の大国ではあるが、EU28カ国のなかのわずか3カ国であることもまた事実である。そして挙がった3カ国、は第5次計画が指摘するような側面をもってはいるが、それとは異なる事実、見方もある。
　EUとしての基本方針は、2009年に遡る。この年EUは、G8にて2050年時点でCO_2排出量を、少なくとも8割削減することが決まったことを受け、それをEUの方針にするとともに省エネと再エネに対策の軸足を置くことを決めている。2020年目標としてCO_2削減、省エネ達成、再エネ普及にそれぞれ20％を掲げた（いわゆるトリプル20）。パリ協定に対応する2030年目標としては、CO_2の40％削減、省エネ32.5％、そして再エネは32％である。この再エネは電力だけでなく熱、燃料も含んでいる数字だ。電力だけで見ると20％は35％に、32％は50～60％になる。EUとし

て2030年の電力に占める再エネ比率目標は50～60%にもなるのである。これを基に加盟国に数値目標が配分されている。

　第5次計画のように全方位に列挙するのは、ある意味楽である。展開した論点のどれかは当てはまる可能性が高いからだ。一般に議論を始める際には、論点整理メモを作成しいわゆるブレインストーミングを行い、その後詰めていって結論を導く。一定の時間と予算をかけて議論した結果が「決めきらない」という論点整理に留まっていては、説得力に欠ける。決めきれない、見えない方針では、将来の予見性は定まらないし、設備投資や技術開発は進まず、海外の後塵を拝することになる。

◆ドイツ：どうして再エネ一辺倒と断定できるのか

　ドイツは、「再エネ一辺倒だが、CO_2削減は滞っている」とされているが、ロシアとの間でバルト海に天然ガスパイプラインを通す世紀の大事業「ノルドストリーム」を遂行し、現在2ルート目を建設中である。ノルドストリームは、2000年に脱原発を決めたシュレーダー政権時代に、当時のプーチン政権との間で合意に達したもので、原発減少分を再エネ、省エネそして天然ガスでカバーしようとしたのである。ロシアから欧州に向けの天然ガスの8割はウクライナを経由していたが、これがウクライナのガス代未払いなどで供給が止まることがあり、大きな影響があった。欧州全体の視点に立って代替ルートを整備したのだ。この事業には、オランダ、オーストリア、英国の会社も出資している。このノルドストリーム事業ひとつ見ても、「ドイツは再エネ一辺倒」という表現が的確ではないのは明白だろう。

　CO_2削減については、ドイツは緩慢と言える。しかし、ドイツの2020年時点の1990年対比40%削減という目標自体がかなり野心的なものであった。また、再エネ普及と取引市場整備が奏功し、電力市場価格は欧州大陸で最も安くなっていて、その結果ドイツは電力輸出大国となった。数字上は原子力の減少分を再エネが十分に賄っているが、現在国内出力の約1割が輸出されており、その分CO_2排出は増えることになる。このような要因があることを忘れてはいけない。

問題は、褐炭を燃料とする火力発電が減らないことだ。褐炭は、コストは低いがCO_2を多く排出する。制度設計上の問題がある欧州の排出権取引市場は、炭素価格は低水準で推移していて、市場メカニズムでは褐炭は減りにくい。このため欧州では、褐炭を含む石炭を規制により強制的に削減する方向に向かっている。英国、フランスは2025年までに褐炭を全廃する方針である。また、EU加盟国のうち半数以上は、2030年までのフェーズアウトを決めている。ドイツでもこれは大きな問題となっており、2019年前半までには、廃止期限を決める予定になっている。ただし、旧東ドイツ地域を中心に長年地域産業を担ってきた歴史があり、簡単には廃止を決められない政治的な事情もある。

　確実に言えるのは、厳格なEUの目標の中で、そのリーダーたるドイツは公約を守る蓋然性が高いことだ。この褐炭の削減さえ決まれば、その代替手段である再エネや天然ガスは既に整っている。

◆英仏：原発継続国は本当にお手本なのか

　新規原子力発電建設を進める英国は「上手くいっている」部類に入るとしている。しかしはたしてそうなのか。英国は、1990年代より電力自由化を先行して実施してきた。しかし他の欧州地域と比較すると、必ずしも自由化の結果は出てない。英国では6大事業者の寡占体制となっており、価格メカニズムが働きにくいという指摘もあるし、北欧の電力取引所であるノルドプールが英国に進出しているのも、自前の市場が不十分だからと言える。また、洋上風力で存在感はあるが、陸上風力を含め他の再エネ普及は十分とは言えない。

　一方、英国は一貫して温室効果ガス削減には積極的で、高い目標を掲げてきた。そのため石炭の強制廃止や原子力発電の開発に依存せざるをえなかった。しかし新規の原発の開発コストはとても高く、英国内電力市場価格の2倍以上、ドイツ市場の3倍程度にもなっている。これを35年間保証することになる。このような英国の状況を「上手くいっている部類に入る」と言い切ることは難しい。

　フランスは化石資源に乏しく、戦後のエネルギー安全保障対策として

自国開発の原発に依存してきた。電力に占める原発依存度は7割強となり、安全保障や低コスト、CO_2低排出に貢献してきた。その一方で、運転の柔軟性に欠ける原発依存では、低需要期の輸出増や出力抑制などによる調整が不可欠となる。また、冷却水が不足する渇水期は輸入に頼ることになる。

　今後フランスでは多くの原発が老朽化し、更新時期に入る。しかし使用済み燃料やプルトニウムの処理・処分の問題、厳しくなった安全対策を前提とする新規投資の高コスト問題などが顕在化する時代になっている。そして欧州では再エネが最も安い電源となってきている。このような状況の中、フランスは再エネ開発にも力を入れており、2016年度は19％になっている。またフランスは、2030年までに原発比率を50％に引き下げることを決めている。

◆コア技術の転換を進めるエネルギージャイアント

　欧米の主要企業は、確かに、コア分野への投資を継続しながら「エネルギー転換・脱炭素化」に対応した事業転換を模索しているが、これは当たり前のことである。その中で、「従来のコア分野」と「転換分野」との力の入れ具合が評価のポイントになる。今後の設備投資の予想を見ると、明らかに再エネや流通設備への注力が強まっている。事業分野では、ルーフトップソーラーなどの再エネ支援、省エネなどのサービス提供を含む小売り事業、配電事業に経営資源を注力する傾向が強まっている。

　トレンドは明確である。従来、化石資源開発・取引・発電をコアとしていた会社が、相次いで再エネをコアに移しつつある。デンマークのDONG-Energyは会社名をエルステッドに変えた。DONGはDenmark Oil Natural Gasの頭文字であった。ノルウェーのStatoilは、Equinorに変えた。エネルギー革命が先行する欧州では、資源、大規模発電、トレードと変動が激しいビジネス分野と、小売り・配電・再エネの消費者周りのソリューション型の比較的安定したビジネス分野に分かれ、後者を収益源としてコアとする方向にある。

　欧州勢は、この欧州発ともいえる新機軸を、新たなトレンドとして、

世界に打って出ている。日本のエネルギー事業者も、遅々として改革が進まない日本よりも、海外の新規分野に打って出る動きが出てきている。商社はもちろんのこと、電力・ガス会社も再エネやインフラへの投資を活発化させている。

【1-3】2030年エネルギーミックスの実現と2050年シナリオとの関係

・エネルギーミックスの進捗状況：
　着実に進展していると評価できるものの道半ばの状況
① 省エネルギー：遅れている
② ゼロエミッション電源比率：概ね目標通り
③ エネルギー起源CO_2排出量削減：目標を上回る
④ 電力コスト（電力燃料費＋FIT買取費用）：
　9.7兆円（2013）→6.2兆円（2016）→9.2〜9.5兆円（2030）
⑤ エネルギー自給率：6%（2013）→8%（2016）→24%（2030）
・2030年に向け基本的な方針を堅持し、施策の深掘り・対応強化でその実現を目指す。

　第4次エネルギー基本計画の目標値の達成状況の評価である。数字で議論しているので、特に違和感はない。②のゼロエミッション電源比率の「概ね目標通り」は、比較の対象時点の数字が低いので、初期の段階としてこの程度はいくであろうという感じだ。ただ、日本での再エネ普及はありえないという「洗脳」されていた状況からすると、「やればできる」という感じも出てきた。やや情緒的な表現だが、出だしはまずまずといったところであろう。

◆**国民負担は3兆円減少**

　④には注目したい。電力燃料費とFIT（再エネ固定価格）買取費用を足したものを「電力コスト」としているが、この概念はエネルギー基本計画における独特のものである。この「電力コスト」は、開発量の上限

（キャップ）として再エネ普及を抑える役割を果たしてきた。これが大幅に減少したのだ。この減った3兆円分、FIT買取費用を増やせることになる。もちろん、再エネ発電コストの弛まぬ削減努力は不可欠ではあるが、それとともにFIT拡大によって、再エネ拡大目標を大幅に引き上げることが可能になる。

<u>・2050年の長期展望：技術の可能性と不確実性、情勢変化の不透明性が伴い、蓋然性をもった予測が困難。このため、野心的な目標を掲げつつも、常に最新の情報に基づき重点を決めていく複線的なシナリオによるアプローチとすることが適当。</u>

この箇所に関しては、【1-2-1】で詳細に解説した。第5次エネルギー基本計画では、真剣な予想と評価を放棄しており、投資と技術開発の予見性を低めている。そしてそれを「主要諸国の戦略と同様」と勝手に言い切っている。

筆者は、再エネ、原子力、化石資源の可能性を等しく扱う「複線的なシナリオ」を検討することを必ずしも否定はしないが、このシナリオ自体が説得力に欠けている。少なくとも電力に関しては、将来のトレンドは明白である。エネルギーの核ともいえる電力の帰趨は、熱や燃料にも大きな影響を与える。

EUは、明確な共通方針を策定し各国で共有している。京都議定書第2期間の枠組みを議論した2008〜2009年時点で、再エネを柱とする脱炭素の方針を決めている。CO_2削減、省エネ、再エネの3項目についてそれぞれ20%の目標を掲げた「トリプル20」を2020年断面のターゲットとした。パリ協定では2030年断面でCO_2削減40%、省エネ32.5%、再エネ32%（電力は50〜60%）がターゲットである。

なお、第5次計画を通して何回か、「将来においても1次エネルギーに占める再エネの割合は低い、化石資源は大きい」という記述が登場する。これはミスリードしやすい表現だ。1次エネルギーおける再エネは基本的に電気になり、燃料はゼロコストになる。従って、ここでは1次エネルギーでありながら、電気のエネルギー量がそのまま使われる。一方で、化石資源の多くは発電用の燃料となるが、これは発電時に生じる6割も

のロスが含まれる。1次エネルギーで大きな存在感を誇るためには、ロスが含まれて非効率であればあるほどいいというロジックになる。火力発電を再エネ発電に代替すると1次エネルギー全体の量は劇的に減ることになる。

3.2 『第2章 2030年に向けた基本的な方針と政策対応』解説

【2-1】基本的な方針
【2-1-1】エネルギー政策の基本的視点（3E＋S）の確認

・基本的視点(3E＋S)、国際的な視点、経済成長の視点

　3E+Sはエネルギー政策の基本であり、今回も変わらない。留意したいのは、3Eの順番と「経済性」の解釈である。エネルギー基本法上の3Eの順番は、Energy Security（安定供給）、Environment（環境）、Economy（経済）であるが、重要性もその順とされる。Economyはコスト、規制緩和、産業競争力などその時々で意味合いを変えてきた。

　ここでは、「安全性（Safety）を前提とした上で、エネルギーの安定供給（Energy Security）を第一とし、経済効率性の向上（Economic Efficiency）による低コストでのエネルギー供給を実現し、同時に、環境への適合（Environment）を図るため、最大限の取組を行うことである」としている。EconomyをEconomic Efficiencyとしており、環境と同格に位置付けている。政府の作成した「基本計画の構成」という1枚紙では、「国民負担抑制」と訳されている。再エネでのFITを意識したもののように思える。

【2-1-2】"多層化・多様化した柔軟なエネルギー需給構造"の構築と政策の方向

・多層なエネルギー源、供給構造の強靭化、多様な供給主体、デマンドサイド、自給率の改善、温暖化対策への貢献

　エネルギーミックスに似て非なる「多層」という言葉を使用しており、エネルギーごとに強みと弱みがあることを前提に、どれか単独での供給で

はなく補完し合うことの重要性を強調している。その後に出てくる「強靭化」（レジリエンス）も、世界的に用いられるようになってきた言葉であるが、ここでは危機時であっても適切に機能しうる備えについて強調している。最近、米国東岸ニューヨーク州などが寒波に襲われた際、ガスパイプラインが一部機能不全に陥った。このようなことからサイト内に貯蔵可能な石油・石炭火力の価値を見直す動きがある。石油・石炭がもつ貯蔵機能がこの場合、レジリエンスにあたる。ここでの表現は、火力発電の価値を強調したいという思惑があるように思える。

多様な供給主体が存在することは重要であり、自由化進展がその背景としてある。しかし、発電事業の新規参入においては、先着優先の系統接続ルールが残っており、自由化の前提である系統へのオープンアクセスが日本ではまだ実現していない。

「自給率の改善」は、ここでは5番目に出てくる。これには、純国産の再エネ、準国産の原子力、そしてメタンハイドレートの名が上がっているが、「自給率の改善を実現する政策体系を整備していくことが重要である」となっているだけだ。自給率に係る数値目標は出てこない（長期需給見通しに「自給率24.3％程度」という参考的な数字はあるが）。

【2-1-3】一次エネルギー構造における各エネルギー源の位置付けと政策の基本的な方向

・再エネ、原子力、石炭、天然ガス、石油、LPガス

エネルギー源ごとの位置付けと評価は、第4次計画の主役であった。第5次計画においても、第4次計画をそのまま踏襲するので、やはり最も注目を集めるところとなる。

分かりにくいのは、エネルギー源に係る記述がいくつかの箇所で登場することである。ここでは、1次エネルギーの資源としてそれぞれ「位置付け」と「政策の基本的な方針」を整理している。しかし、1次エネルギー資源として一般的に見ているのではなく、主に発電用の燃料・資源として分析している。すなわち2次エネルギーである電力からみた特徴を記している。その意味で、エネルギー全体に及んでいると考えられる。

さらに、【2-2】において、1次エネルギー源以外をも含む個別項目ごとに「政策対応」が整理されており、各エネルギー源についても多くの頁を割いて整理されている。この【2-1】と【2-2】の、エネルギー源（電源毎の資源）の説明は、セットで整理したほうが理解しやすい。この視点での整理と解説は、本書第2章第1節にて行った。ここでは、第5次エネルギー基本計画の目次に沿って、簡潔に解説する。

　なお、ここでの紹介の順番は、通常のエネルギーバランス図に記載されているものとは少し異なる。エネルギーバランス図上では、原子力、再エネ、石油、ガス、石炭の順となっている。CO_2排出の少ない順である。また国産・準国産を上位に置いているともいえる（その意味では再エネが1番手となるべきであるが）。しかしここでは、再エネ、原子力、石炭、天然ガス、石油となっており基本的にはベース、ミドル、ピークの順といえる。この中で再エネが筆頭に位置しているのは、ベースである地熱と一般水力から、ピーク時に活躍する貯水式水力・揚水、太陽光まで広い幅をもつからであろう。あるいは、素直に政策の位置付けが高いからとも解釈できるが、もしそうだとすると、画期的な扱いではある。ただし、次の【2-1-4】「二次エネルギー構造の在り方」では、電力はベース、ミドル、ピークに再エネを含む分散型資源を組み合わせていく、という従来の考え方で整理されている。

◆再生可能エネルギー：主力電源化への布石を早期に進める

　再エネは「重要な低炭素の国産エネルギー源」であり「引き続き積極的に推進し」、「確実な主力電源化への布石としての取組を早期に進める」としている。「布石」という表現が勢いを削いでいる感はあるが「主力」ではある。

　主力化に至る課題として、系統強化、規制の合理化、低コスト化が挙げられており、「研究開発などを着実に進め」、「更なる施策の具体化を進める」としている。慎重な表現を織り込みながらも具体的に進んではいく。また、期待される技術として「浮体式洋上風力」、「大型蓄電池」と名指ししている。

◆原子力：ベースロード、安全確認後再稼働、依存度低減

　原子力は引き続き「重要なベースロード電源」との位置付けで、「安全確認後再稼働」、「依存度は可能な限り低減」との政策の方向である。

◆石炭：重要なベースロード電源の燃料

　化石燃料の種類ごとの位置付け・方向性は、従来の表現を踏襲している。石炭の位置付けは、引き続き「重要なベースロード電源の燃料」となるが、一方で「適切に出力調整を行う必要性が高まる」、「非効率石炭のフェードアウトに取り組む」との表現が登場する。政策の方向性は、石炭ガス化コンバインドサイクル（IGCC）、二酸化炭素回収・利用・貯蔵（CCUS）などのクリーンコール技術開発および「低炭素型インフラ輸出」である。

◆天然ガス：役割を拡大していく重要なエネルギー源

　天然ガスは「ミドル電源の中心的な役割」であり、「水素社会の基盤の一つとなっていく可能性もある」と水素への関わりを強調している。シェール革命をも背景に天然ガスシフトが進行するとの見通しを示した上で「その役割を拡大していく重要なエネルギー源」との位置付けを継続。政策の方向は、コジェネなどの分散化、水素源などの利用形態の多様化、緊急時における強靭性向上などを強調している。

◆石油：今後とも利用していく重要なエネルギー源

　燃料や素材として1次エネルギーの4割を占める。電源としては「ピーク電源、調整電源として一定の機能」を担っている。位置付けは引き続き「今後とも活用していく重要なエネルギー源」としている。政策の方向は、「エネルギー供給の最後の砦」として「強靭化」の役割を強調。また、全国供給網を維持するためにも「石油産業の経営基盤の強化に向けた取組」も記述。

【2-1-4】二次エネルギー構造の在り方

　ここは2次エネルギー構造の在り方についての記述である。2次エネルギーの中心は電力、そして石油であるが、ここでは未来のエネルギー源として、水素が強調されている。また、【2-2】の政策対応では、水素は2次エネルギーの筆頭に位置付けられている。

◆電力は2次エネルギーの主役だがロスが課題

　2次エネルギーとは、1次エネルギーを消費しやすい形に転換したものであり、転換エネルギーとも称される。あらゆる資源からの電力、原油からの石油製品、LNGなどからの気体ガス、石炭からの石炭製品などが生成される。この転換の際には熱も発生する。ここで高品質エネルギーに形を変えるのが電力であり、まさに中心的役割を果たす。しかし、使用した1次エネルギーの6割は熱の生成となり、そのほとんどは使われずに大気中や海水中にロスとして放出される。石油精製の過程ではあまりロスは出ないが、石油製品を使用する場合に大量のロスが出るものがある。代表例はガソリン、軽油を自動車用の内燃機関で消費するときであり、8〜9割がロスとなる。

（1）　二次エネルギー構造の中心的役割を担う電気

　電気は100％、2次エネルギーであり、エネルギー全体の中心的役割を果たしている。脱炭素化に向けて、ますますその役割は高まっていき、「電化率」は間違いなく上昇していく。

　一方、従来の電力ミックスの考え方を踏襲している。ここでは、ミックスではなくバランスとの表現を用いているが、電源をベース、ミドル、ピークに分類し、その分類にあまりマッチしない「再エネ等分散型資源」は「組み合わせ」の対象としている。【2-1-3】の1次エネルギーの位置付けでは、再エネは最初に登場し、その位置付けが上がったとの理解を示したが、ここでは、相変わらず脇役のニュアンスが漂う。EUでは既に再エネ比率は3割に至り、2030年には50〜60％を目指している。九州や四国は時間帯によっては、太陽光を中心に過半を再エネが占める。今年

（2018年）の夏は、歴史的な猛暑であったが、太陽光導入効果で節電要請は生じていない。このような現状は、再エネにその他の電源を組み合わせる、ベース、ミドル、ピークという分類自体が実態に合わなくなっていることを示している。

　また、「電力システム改革の実施により、電源構成比が変わる可能性があり、それが発電、流通を問わずに大型投資を誘発する可能性がある」としている。市場取引の一般化と再エネ普及を背景に、既存大規模電源の発電電力量が減る一方で、ニューカマーである再エネ、分散型資源の存在感が高まる事態を想定した記述である。第4次計画では、投資を費用と捉え負担を強調していたが、今回は、投資は投資として中立的に捉えていように感じられる。

　一方で、全体を通じて登場する「過少投資」問題とも併せて考えると、システム改革に伴う「課題」をかなり強く意識していることがうかがわれる。自由化・市場取引整備、再エネ普及により、既存の大規模電源の利用率が低下することも想定され、従来の投資意欲の減退を危惧する意識を示している。容量不足で安定供給に支障が出る懸念も理解はできるが、技術革新に伴う新陳代謝は世の常であることにも留意する必要がある。

　また、「コスト低減の実現」の記述がある。これは正面切って反対できない文言であるし、効率化を進めるのは当然である。しかし、それを急ぐあまり、革新技術の芽を摘む、変革を遅らせて日本の競争力を削ぐことになってはならない。

(2)　熱利用：コージェネレーション、再エネ熱等の利用促進

　ここでは、コジェネ、再エネ熱の利用促進を強調している。最終エネルギー消費の中の熱利用の過半は非電力の熱を利用しており、効率化・脱炭素化が実施されればその効果は大きい。また、熱は長距離輸送に適さないことから、地域での利用、地産地消のルールと役割に言及している。課題は導入初期投資が高いことであり、そのコスト低下が重要としている。また、熱需要の存在する場所での熱供給システム構築についての記述もある。

　熱については、脱炭素化が比較的容易である電気の利用を増やしてい

くことも現実的な対策である。ルーフトップソーラーの電気を利用してヒートポンプで熱を供給することも有力な選択肢となる。また、最近は、低温輸送システムにて熱の長距離輸送も可能となってきており、欧州では実績が増えてきている。

◆難しい熱の位置付け

　余談になるが、熱を2次エネルギーの領域で取り上げることには疑問がある。再エネ熱の代表は、太陽熱、バイオマス、地熱であるが、バイオマス発電以外は、基本的に1次エネルギーの領域と考えられる。確かに何らかの変換が加えられるが、資源自体は再生可能でコストゼロである。これは、再エネ発電はそれ自身1次エネルギーに分類されていることとも符合する。

　コジェネは、一般に転換後の燃料（石油・ガス製品）が使用されると考えられる。また、オンサイトにて運転されることから最終消費に分類されてもいいように思える。しかし、自家用発電は、2次エネルギーに分類されている。発電時に発生する熱は転換エネルギーともみられる。

　化石燃料を使う大規模発電およびバイオマスを使う中小規模発電設備にしても、コジェネ発電にしても、発電する際には熱が生じる。前者はほとんど捨てられるが、コジェネ発電はオンサイトにて有効活用される場合が多い。

（3）　水素："水素社会"の実現

　第5次エネルギー基本計画全体を通して、水素の記述が多く、重要な主役の一つとなっている。ここでも、多くの資源を多様な技術で水素転換することから「将来の中心的役割が期待」されるとしている。もちろん、技術的に日本が先行していることへの期待もあるだろう。「水素基本戦略に基づき技術開発等を促進」という記述にその期待がこめられている。

◆2次エネルギーとして生成方法は多様

　水素は期待される2次エネルギーである。特に日本における期待は大きく、エコカーやコジェネ用だけでなく、大規模発電用をも視野に入れ

た非常に野心的な扱いとなっている。

　元素としての水素Hは、最も比重が軽い気体として、水H_2Oを構成するものとして馴染みがあるが、水素分子H_2としては、自然界にはほとんど存在しない。化石燃料CnHm（炭化水素）をガス化し改質するか、余剰再エネ電力を利用して電気分解するかして生成する。また、石油、石炭を扱う設備で副産物として生じる。これらのプロセスを経て生成される2次エネルギーである。できた水素は、直接燃焼させての発電、燃料電池として発電、天然ガスに混入させて都市ガスとして利用、CO_2と反応させてメタン化（CH_4、メタナイゼーション）、化学工業の原料などで利用できる。

　化石燃料から改質するプロセスはCO_2発生を伴うが、これを分離し封じ込めるCCS技術の確立が不可欠となる。安全性を含む技術確立には時間とコストを要する。現状では、最も可能性が低いと考えられる。

　バイオガスの改質は、環境面からも、実効性からも有力な方法であり、農業地域を中心に実行に移されているところもある。しかし、量的な制約を伴う。

◆再エネ発電調整手段が基本、用途は多様

　電気分解は、特に風力、太陽光の変動を調整する手段として期待が大きい。これは、CO_2発生を伴わないクリーンな生成方法として、王道と言える。コストの安い電力が余っているときにその余剰電力を利用して水素を発生・貯蔵する。これを直接燃焼で、または燃料電池で発電することも考えられるが、総合的なエネルギー効率上の問題が残る。電気から水素を作り、また電気にする過程で大きなロスが生じるためだ。また気体である水素の貯蔵、輸送技術の確立は容易ではない。インフラ整備もこれからである。

　水素をガス導管に混入させ都市ガスの燃料として利用する、肥料など化学工業の原料として利用することなどは、より現実味がありそうだ。ガスパイプラインが充実しており、化学工業が発達しているドイツでは、このような有望な選択肢がある。

◆再エネ調整の本格化には時間を要する

　水素の夢は広がるが、2次エネルギーとして生成する必要があること、扱いにくく安全性への配慮を要すること、CCS、ロス軽減、輸送・貯蔵など、技術的に多くの課題を抱えている。

　風力、太陽光が主力電源として将来増加していくことが予想されるが、天候や需給動向により余剰電力が発生する場合、水素として貯蔵しておくことが期待される。しかし、効率性とコスト面から、これは優先的な選択肢にはなりにくい。余剰電力は、巨大な蓄電装置と言える系統で、電力市場取引をも利用しながら調整することが、即効性があり低コストである。これを利用し切った後に蓄電池や水素の出番となる。これが世界の一般的な考え方であり、保守的と言われるIEAにおいてもそのような考え方になっている。

　今回の第5次エネルギー基本計画では、たくさんの箇所で多くのスペースを割いて蓄電池と水素を取り上げているが、やや強調しすぎと思われる。このような扱いは日本では特に強いが、既に存在する電力インフラを有効に活用することに、まず注力するのが本筋である。

【2-2】2030年に向けた政策対応

　【2-1】では、各エネルギー源は、1次エネルギーの視点で「位置付け」と「政策の基本的方向」について整理されている。【2-2】では、「政策対応」という切り口で、各エネルギー源を含む11項目について整理されている。この【2-2】は、政策を実現化するための具体的な対応を説明しており、第5次エネルギー基本計画で最も重要といえる箇所である。この部分で今回の計画全体105頁のうちの61頁と過半を占めている。以下、その11項目について解説する。

　また、11項目のうち冒頭5項目の「資源確保」、「徹底した省エネルギー社会の実現」、「再生可能エネルギーの導入加速」、「原子力政策の再構築」、「化石燃料の効率的・安定的利用」については、【2-1】の各エネルギー源の位置付けとセットで整理したほうが、理解しやすい。これについては、

本書第2章第1節にて、一覧表を基に整理して解説している。この表は、「位置付け」と「政策の基本的方向」を参考までに、右端の列に配置している。

政策対応の冒頭5項目については簡潔にコメントする（表3-1）。

表3-1　2030年目標の整理：主要エネルギー資源の政策対応（表2-1再掲）（出典：第5次エネルギー基本計画を基に作成）

エネルギー源	政策対応	同左・具体策等	位置づけと方向性（1次、電力用）
資源確保	資源確保の推進 *総合的な政策推進の継続 *化石燃料・鉱物資源の自主開発 *強靭な産業体制の確立	*自主開発促進、資源国と関係強化 *資源調達環境の基盤強化 *資源調達条件の改善 *国内海洋資源開発（メタハイ等）	
省エネ等	徹底した省エネ社会実現 *省エネ法措置と支援策の一体実施 *AI・IoT・ビッグデータ活用 *複数事業者・機器の連携	*業務・家庭：建物ZE化等 *運輸：電動化等 *産業：トップランナー等 *デマンドレスポンスの活用	
再エネ	主力電源化への取組 *大量導入で主力電源の一翼 *低コスト化 *接続制約の克服　*調整力の確保 *太陽・風力：コスト低下で普及 *地熱・水力・バイオ：地域振興	*太陽：分散型の活用促進等 *風力：環境アセス迅速化 　　洋上風力の導入促進等 *地熱：地域理解、環境アセス *水力：流量調査、既存ダム活用等 *バイオマス：木質の積極推進等	*重要な低炭素の国産エネルギー源 *引き続き積極的に推進 *主力電源化布石、早期取組
原子力	原子力政策の再構築 *福島の復興・再生 *安全性向上　*安定的な事業基盤確立 *サイクル政策：中長期的対応の柔軟性	*立地対応、対話・広報 *技術・人材・産業維持 *プルトニウム削減に取組む	*重要なベースロード電源 *安全確認後再稼働 *可能な限り依存度低減
火力・資源	化石燃料の効率的・安定的利用 *高効率火力発電有効活用 *石油産業の事業基盤再構築	*高度化法：非化石比率44% *省エネ法：発電効率44.3% *IGCC、CCUS開発・実用化 *高効率発電技術の海外支援	石炭：重要なベースロード電源の燃料 *クリーン技術開発　*インフラ輸出積極推進 LNG：役割拡大の重要エネルギー源 *ミドル電源の中心的役割 石油：今後も活用する重要エネルギー源 *ピーク・調整電源

【2-2-1】資源確保の推進

　国内化石資源に乏しい我が国は、エネルギー安定供給の多くを海外に依存してきた。そのため、エネルギー政策の主役は、様々な手段を講じた海外資源の安定調達にあった。今回もこれが政策対応の筆頭に位置付けられている。調達先分散、資源の多様化、シーレーン確保、自主開発、市場取引の整備などである。これらの政策を基本的に継続する（「総合的な政策推進の継続」）。

　「化石燃料・鉱物資源の自主開発」が筆頭に来る。将来の発展が見込まれる蓄電池、燃料電池などの原材料ともなる鉱物資源が強調されている。これはリスクが大きく多額の投資を要することから「強靭な産業体制の確立」とセットになる。システム改革の結果としてのエネルギー企業の大規模化も期待されている。我が国は、特に天然ガスにみられるように、必ずしも調達条件がいいわけではない。安定調達を優先してきた

ことなどにより、不自由で高い調達条件を受け入れてきた。これを改善するべく「資源調達環境の基盤強化」、「資源調達条件の改善」が具体策に挙がっている。調達は膨大な数量に及ぶことから、条件の改善はマクロ的に大きな効果を生む。

メタンハイドレートなどの「国内海洋資源開発」が最後に登場する。最大のセキュリティ確保は国産資源の開発・利用であるが、まだその意識は薄い。そして自然エネルギーは豊富な国産資源であるが、ここでは登場しない。

【2-1】の1次エネルギーの「位置付けと政策の方向」では、再エネが筆頭であったが、ここの政策対応では海外化石資源の調達が筆頭になる。「位置付けと政策の方向」は高くても、「政策対応」の位置付けではまだ高くないということだろうか。

以上のように、資源確保は、海外化石資源にフォーカスしており、国産資源開発・利用や自給率引き上げの視点が不足していると言わざるをえない。

【2-2-2】徹底した省エネルギー社会の実現

資源確保に続いて、省エネは2番手に位置する。省エネ対策は従来、省エネ法に基づいて、同法を時代に合わせて改定して実行されてきた。今回も「省エネ法措置と支援策の一体実施」がベースとなる。強調しているのは、デジタル技術の活用である。「AI・IoT・ビッグデータ活用」による各消費主体の効率化を進めていくということだ。単体ではかなりの程度省エネが進んでいる産業部門については「複数事業者・機器の連携」を進めることで、更なる効率化を実現する。

消費部門ごとに見ると、「業務・家庭」は建物ネットゼロエネルギー（ZE）化、「運輸」は電動化などのエコカーの普及、「産業」はトップランナー制度の活用、グループ企業間の連携が重点施策となっている。また、消費者が能動的に需給調整に参加する「デマンドレスポンスの活用」も期待されている。

しかしながら今回も、この省エネについては最終消費段階における需

要家行動に特化しており、1次エネルギーを直接節約する視点、特にロスの大きい電力転換に係わる視点がない。これは、最終消費者に過度の負担を強いることになりかねず、産業競争力の低下、ゼロエミ達成の困難、生活コストの上昇、に繋がる可能性がある。また、エネルギー利用にかかる情報が正確に伝わりにくいという問題を内包している。

【2-2-3】再生可能エネルギーの主力電源化に向けた取組

　再エネに関しては、「大量導入で主力電源の一翼」を担うとしている。一方、「低コスト化」、「接続制約の克服」、「調整力の確保」と課題も多く、この課題解消に向けた取り組みを行うとしている。

　再エネを、太陽光・風力の「コスト低下で普及」していくものと、地熱・水力・バイオの「地域振興」と合わせて長期的に進めていくものとに分けて、対策を打っていく。個別には、「太陽光」は、大規模だけでなく分散型の活用促進をも図る。「風力」は環境アセスメントの迅速化などの環境整備を進める。特に洋上風力の導入を促進していく。「地熱」は地域理解、環境アセスメント迅速化などを進める。「水力」は流量調査などの情報提供、既存ダムの活用などを進める。「バイオマス」は、特に木質バイオマスについては農産漁村再エネ促進法を活用して積極的に推進していくとしている。

　再エネに関しては、主力化という用語は納得でき、第5次計画の目玉の一つにはなっている。しかし、主力として認められるための条件が厳しい。従来からの再エネに対する枕詞であるコスト、国民負担、変動性などの表現が並び、それらを克服し自立化してはじめて主力として認定される、というかたちである。それ自体は間違ってはいないのだが、全体を通して頻繁に登場し、主力化へ向かっていく高揚感が読むにつれ薄れ、主力化は不可能であるかのような気になりかねない。また、再エネ以外の他の資源も主力に位置付けられており、再エネはようやく存在を認められたような感じも受ける。

【2-2-4】原子力政策の再構築

　原子力は、引き続き「福島の復興・再生」を前提として、「安全性向上」、「安定的な事業基盤確立」を実現するための多くの対策を用意する。核燃料サイクルは引き続き推進するが発電所再稼働、使用済み燃料、プルトニウムなどのバランスに留意する必要があることから「中長期的な視点から対応に柔軟性をもたせる」としている。また、再稼働するにしても廃炉とするにしても「立地対応」は重要であり、対話・広報に力を入れていく。技術・人材・産業維持に係る対策も継続する。

　なお、「プルトニウム保有量の削減に取り組む」という表現がここに入った。関係委員会では議論がなされた形跡はないが、米国からの要望を受けて急遽盛り込まれることとなった。プルトニウムの減少は、我が国の再処理路線にも大きな影響が及ぶものであり、非常に重要な事項である。これに関しては、本書第2章第6節にて解説している。

　原子力に関しては、既に多くの指摘があるが、実現可能性に疑問が残る。「新増設を明記しないで目標達成は可能か」に代表されるが、不透明感は強い。

【2-2-5】化石燃料の効率的・安定的な利用

　1次エネルギーの位置付けと政策の方向【2-1】では、エネルギー源ごとに整理されていたが、政策対応では、「化石燃料」で一つの項目となっている。

　「高効率火力発電有効活用」は従来からの継続である。主にCO_2排出の多い石炭火力発電が対象になる。エネルギー高度化法では非化石比率44%、省エネ法では発電効率44.3%以上との縛りがあるが、それを適用する。個別技術では石炭ガス化コンバインドサイクル（IGCC）、CO_2回収・利用・貯留技術（CCUS）の開発・実用化を支援する。また、「高効率発電技術の海外支援」を引き続き実施する。

　石油産業に関して「事業基盤再構築」を進める。合併などにより事業基盤を強化し、国内インフラ整備や海外事業への進出を支援する。

化石燃料を使用する火力発電は、脱炭素化との整合性について常に疑問符が付く。特に石炭火力は、世界的に縮小ないしフェーズアウトが相次いで決定されているなかで、また、国際投資機関や金融機関による運用対象除外（ダイベストメント）の動きが活発化する中で、目標を達成できるのだろうか。

　【2-2】の後半6項目については、表3-2に整理した。右端の列は、【2-1-4】の「二次エネルギー構造の在り方」に登場する項目であり、ここの関連する箇所に配置している。

表3-2　2030年目標の整理：主要エネルギー資源以外の政策対応（出典：第5次エネルギー基本計画を基に作成）

項　目	政策対応（第2章第2節）	2次エネ構造のあり方（第2章第1節）
水素	【水素社会実現に向けた取組の抜本強化】 ・水素基本戦略等に基づき実行 　＊燃料電池　＊モビリティ　＊国際サプライチェーンと水素発電 　＊再エネ電気由来のPower-to-Gas	【水素社会の実現】 ・将来の中心的役割が期待 ・水素基本戦略に基づき技術開発等を促進
システム改革	【エネルギーシステム改革の推進】 ・電力システム改革 　＊競争促進：BL市場、間接オークション等 　＊発電設備等過少投資層の公益的課題 　　容量・需給調整・非化石価値取引の市場創設 　＊送配電効率化・投資確保・託送制度改革等 ・ガス・熱供給システム改革：利用形態多様化、インフラ、水素関連技術	【電気】 ・2次エネの中心的役割 ・バランス：ベース、ミドル、ピーク 　＋再エネ等分散型電源 ・システム改革にて大型投資誘発の可能性 ・コスト低減の実現
国内供給網	【国内エネルギー供給網の強靭化】 ・海外供給危機対応：石油備蓄等 ・国内危機対応：地震・豪雪等の災害リスク等	
2次エネ構造	【二次エネルギー構造の改善】 ・電気の貯蔵・輸送方法の多様化等の検討 　＊コジェネ：電気、熱の効率的利用 　＊蓄電池：再エネ拡大、調整力の脱炭素化 　＊EV等の促進：需要家の選択肢拡大化	【熱利用】 ・コジェネ、再エネ熱の利用促進 ・最終消費の過半は非電力の熱利用 ・設備コスト低下、熱需要地での展開
エネ産業政策	【エネルギー産業政策の展開】システム改革等で産業構造大転換 ・既存供給事業者の総合エネ企業化 ・分散型・地産地消型システム：熱、EMS、DER ・新市場創出：蓄電池、水素、燃料電池、国際展開強化・インフラ輸出	
国際協力	【国際協力の展開】 ・米国・ロシア・アジア等と連携強化　・世界のCO2大幅削減に貢献	

【2-2-6】"水素社会"の実現に向けた取組の抜本強化

　【2-1-4】でも解説したように、今回の第5次計画では、水素をかなり強調している。この「政策対応」では、2次エネルギーのエース、準エースである電力や石油を差し置いて最初に登場する。2017年12月には「再生可能エネルギー水素等関係閣僚会議」において「水素基本戦略」が了解されたが、これに基づいて着実に実行していく。特に、日本が技術開発で先行しているとされる「燃料電池」、燃料電池車（FCV）に代表される「モビリティ」に注力するとしている。

また、国際サプライチェーンを構築して、豪州などに大規模に存在する褐炭等をガス化し、水素に改質して国内に輸送し発電するシステムを支援する。さらに、「再エネ由来の余剰で低廉な電気」を利用して電気分解で水素を生成し活用する「Power-to-Gas」の研究開発を進める。

◆再エネ由来でコジェネ、FCVに期待

　水素に関しては、期待先行の面がある。水素社会がいつどのような形で到来するのかの見通しが必要で、スケジュール感を示すべきだ。水素については課題が多く、「他にやれることをやった後で到来するシステム」という理解が一般的だと思われる。すなわち、国産でゼロエミの再エネが普及し、一定量の低コスト電力が生じるようになることが重要である。そしてその余剰電力を利用してグリーン水素を生成し、それを燃料電池車やエネファームなどに利用する、というスケジュールであろう。日本に技術優位性があるとしてやや前のめりになっているのではと感じる。

　具体策として、燃料電池、モビリティ、国際サプライチェーン、Power-to-Gas、東京五輪が挙げられているが、製鉄所、製油所などから副生されるもの、再エネ余剰電力を利用して生成されるものを利用して、技術競争力のあるオンサイトの燃料電池やFCVに利用することが、まずは期待される。

【2-2-7】エネルギーシステム改革の推進

・電力システム改革

　2次エネルギーとしての電力の政策対応は、水素に次いで登場する。電力システム改革は、2016年の小売り全面自由化から、広域機関の整備を経て、2020年の発送電分離で完了する3段階方式で実行されてきている。競争を促進する対策として、既存電力会社が独占的に保有しているベースロード電源の新規参入者への開放を図る「ベースロード市場」の創設、各エリア間を繋ぐ連系線の利用に競争原理を持ち込む「間接オークション」の導入などを決めている（図3-4）。

　一方で、自由化進展、再エネ普及を背景に、既存電源の利用量が減り、

図3-4 ドイツ、日本の電力市場比較

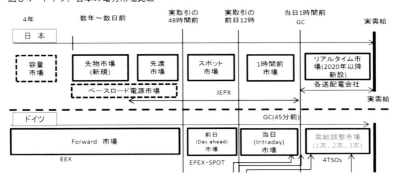

(出所)長山浩章京都大学教授

投資判断を躊躇する懸念も出てくる。これが行き過ぎると、将来の予備力が少なくなり供給信頼度が低下することを恐れる向きもある。最近はこれを「過少投資問題」としてその解決策を含めた議論が浮上してきている。この対策として、いくつかの市場創設が予定されている。将来の予備力を入札で調達する「容量市場」、送電会社が需給時点での調整力を調達する「需給調整市場」、FIT電源や原子力の環境価値を分離して取引する「非化石価値取引市場」の創設が実施あるいは準備されている。

　また、送配電線についても、その効率的な利用、新規投資の実施を担保するべく「日本型コネクト&マネージ」や託送制度改革などを実施してきている。

　ガスシステム改革に関しては、利用形態多様化、インフラ整備、水素関連技術開発の推進などが進められている。

◆扱いの小さい電力システム改革

　エネルギー、特に電力システム改革は最重要課題であるが、第5次エネルギー基本計画では終始扱いが小さい。送配電部門の完全中立化、電力卸取引市場の整備は、競争環境整備の基盤であり、技術開発や事業活動を推進する社会的なソフトである。再エネや省エネの推進においても、最も基本的かつ低コストで実現できる方策である。これは、IEAを含めて世界で一般に共有されている認識だ。これを真剣に取り上げずに蓄電

池、水素などを強調してもその有効性に疑問符が付く。

　また、「必要投資促進等の公益的課題への対応」という記載があるが、これはシステム改革推進に対する警戒の現れである。市場取引が活発になることで、大規模火力発電などの稼働率低下やそれに伴う回収不足ひいては新規投資判断が困難になることを警戒している。火力発電などは量（エネルギー）の供給に関しては細る可能性があるが、柔軟性（フレキシビリティ）、予備力（リザーブ）を供給する役割は高まる。それを含めた取引市場を整備することになる。火力発電も新たな時代に即した機能に変わっていくことが重要であり、従来技術の延命を図るのは非効率である。

　世界に例を見ない原子力と石炭を念頭に置いた「ベースロード電源市場」、運用によっては過剰設備となり国民負担を招くことになりかねないLNG火力を念頭に置いた「容量市場」については、特に議論されることなく導入が決まった。これらが卸市場取引の整備・革新を妨げる要因とならないように、注視していく必要がある。

【2-2-8】国内エネルギー供給網の強靭化

　国内エネルギー供給網の「整備」は、インフラのネットワーク化などのことであり、非常に重要な政策対応である。しかし「整備」ではなく「強靭化」（レジリエンス）という表現を使用して矮小化しているところに、供給網の本格的整備に対する本気度が小さいことがうかがわれる。強靭化は災害発生などの緊急時に対応できるインフラ・設備のことであり、分散型あるいはオンサイトに貯蔵できる資源が有効である。これは石油、石炭が該当する場合がある。

　ここでは、海外供給危機時の対応として「石油備蓄」などを、国内危機時の対応として地震・雪害などの災害リスクへの備えなどを進めることとしている。

　石油備蓄が強調されているが、電力ネットワーク、ガスネットワークの整備がもっと強調されていい。電力は、空いている既存送電線の有効利用、再エネ主力化、分散型化にマッチした投資が非常に重要である。

また、都市ガスは、需要地を中心に狭いエリアで展開している現状から、全国を繋ぐネットワーク化を実現することが、低廉な市場価格形成、内々価格差解消さらには分散型システム構築の面で、重要である。

　海外を跨ぐネットワークについても検討する必要がある。市場の拡大は、一般に効率性、安定性の面で有効とされる。セキュリティに関しては、供給を遮断される懸念についての議論もあるが、密接な経済関係構築により安定化するとの意見もある。電力の国際連系線は、再エネが主力となる時代は、需給調整の観点からより重要になる。洋上風力のインフラにもなりうるとの視点もある。ガスパイプラインは、かねてより構想があったが、サハリンなどのガス開発コストは低いこと、天然ガスは「過渡的な主力電源」であること、国産メタンハイドレートのインフラにもなり得ることなどから真剣に検討する必要がある。

【2-2-9】二次エネルギー構造の改善

　【2-1-4】において、2次エネルギー構造の在り方の説明があり、水素利用、コジェネや再エネを駆使した熱の有効利用を強調していた。ここではその対策を記している。

　「電気の貯蔵・輸送方法多様化等の検討」では、貯められない電気を蓄電池、水素、熱に転換することで、送配電線以外の輸送手段に選択肢を拡大できる。それにより、2次エネルギーとして多くの可能性を引き出すことができる。

　個別対策としては、「コジェネ」、「蓄電池」が普及していくことの重要性を強調している。前者は電気・熱の効率的利用に資する。後者は再エネ拡大、その調整力の脱炭素化などに資するからだ。また、「EV等」は動く電力輸送手段となり、需要家の選択肢拡大に寄与する。

　さてここでは、2次エネルギーの領域にコジェネ、蓄電池、EVなどの分散型システムが登場する。特にコジェネが強調されている。しかし、分散型システムはコジェネや蓄電池だけではない。ルーフトップソーラー、蓄電池、ヒートポンプ、マイクロコジェネ、デマンドレスポンスなどのいわゆる分散型エネルギー資源（DER: Distributed Energy Resources）

やそれをICTでネットワーク化し、市場取引ができるようになるシステム構築をも含むものである。2次エネルギー構造の改善のなかに入る分散型システムとは何なのか、そのスケジュール感はどうなのか、などが第5次計画では分かりにくいところがある。

【2-2-10】エネルギー産業政策の展開

ここでは、電力システム改革などを背景に新規参入者が増え、新旧事業者の合従連衡を通じて産業構造の大転換が生じ、様々な新規事業、産業が興ることを期待している。既存供給事業者が複数の事業を統合し、M&Aで大規模化し、総合エネルギー企業化する。また、分散型・地産地消型システムの構築に伴い生じる新事業、新産業が起こる。熱供給、エネルギーマネジメントシステム（EMS）が事業化し、分散型エネルギー資源（DER）が活躍する。ここでも、新市場創出として、蓄電池、水素、燃料電池へ期待が寄せられる。また、インフラや革新技術の輸出なども増えていく。

◆再エネ普及あっての水素、蓄電池

環境、エネルギー政策を産業競争力と結び付ける発想は重要である。EUは明確に脱炭素、再エネ、省エネを核に、個々の部材、設備からシステムまで新たな産業として捉え、世界に展開する戦略をとっている。米国でも多くの自治体が同様の政策をとっている。中国は、再エネ大国としての地盤を築きつつあり、「一帯一路」などで世界展開しようとしている。

日本では蓄電池、水素への期待が高いが、再エネ普及が先にあることを忘れてはならない。またここでは、単品ではなくパッケージの発想が出てきている。それはその通りではあるが、それだけではなく、さらに市場取引や系統などのインフラを利用する、大きなシステムでの競争力という発想が重要である。

【2-2-11】国際協力の展開

　米国・ロシア・アジアなどとの連携強化、世界のCO_2大幅削減に貢献することの可能性と重要性を説いている。

【2-3】技術開発の推進

【2-3-1】エネルギー関係技術開発の計画・ロードマップ

　当面は、2016年4月に策定した2030年を見据えた「エネルギー・環境イノベーション戦略」を推進。2050年断面は、不確実性が多いため、「野心的かつしなやかな複線的シナリオ」が必要であり、その実現には「非連続的な技術開発」が必要であるが、現時点では勝者の予想がつかない。各選択肢を都度見極めていく科学的レビューの具体化に向けて早期に検討を進めるとしている。

【2-3-2】取り組むべき技術的課題

　具体的には、①再エネでは低コスト化・高効率化、②原子力では高温ガス炉、小型モジュール炉、溶融塩炉、核融合関連、③メタンハイドレート、④水素関連、⑤宇宙太陽光発電システム、⑥送配電高度化、系統運用技術、⑦高効率化火力発電、CCSなどを挙げている。

◆非連続技術vs大量生産低コスト技術

　上記のような非連続的で画期的な技術開発だけでなく、それ以上に商業化段階で勝ち抜く大量生産を睨んだ技術・システム開発に焦点を当てるべきである。それは、明確な政策目標設定とセットになる。太陽光、洋上を含む風力、蓄電池などの競争状況を見ればこれは歴然としている。この論点に関しては、本書第2章第4節にて考察している。

【2-4】国民各層とのコミュニケーションの充実

　第5次エネルギー基本計画第2章の最後のパートで、比較的地味な箇所

であるが非常に重要である。従来、日本のエネルギーに関する情報収集と発信は十分とは言い難かった。政府あるいはエネルギー事業者の情報開示は不十分で、透明性に欠けるとの指摘を受けてきた。原子力発電に係る情報、送電線・系統に係る情報がその代表である。いつしか国民は、政府や電力会社の情報を信用しなくなる、あるいは色眼鏡で見るようになってきた。

　大手のシンクタンクも、政府や業界の影響を受けて必ずしも中立な見解を示してはいない、と思われるようになってきた。さらに、急激な市場化、再エネ普及などの動きに政府が追いついていけない状況も見られるようになった。

　このような状況の中で、ここでは科学的根拠に基づく正確な情報の集取や発信について、その重要性を率直に認めている。良質で重要な情報の透明化は、国民的な議論を促しコンセンサスを得る上で、非常に重要である。以下、記述のポイントを紹介する。

【2-4-1】エネルギーに関する国民各層の理解の増進

・エネルギーに関する広報の在り方

　政府の関連情報の開示、徹底した透明性の確保が重要。原子力だけでなく自給率の低さ、パリ協定、発電コスト、送電線接続問題など国民のエネルギーに関する関心が高まっている。国民が自ら選択できる、科学的データなどに基づいた客観的で多様な情報提供体制を構築。政府のウェブサイトなどを利用して、随時、丁寧に発信する。

・客観的な情報・データのアクセス向上による第三者機関によるエネルギー情報の発信の促進

　政府がメディア、民間シンクタンク、NGOなどに積極的に情報提供を行い、これら第三者が独自の視点で整理した情報を国民に提供しやすいようにする。

・エネルギー教育の推進

【2-4-2】政策立案プロセスの透明化と双方向的なコミュニケーションの充実

ここに関しては特にコメントはない。

3.3 『第3章 2050年に向けたエネルギー転換・脱炭素化への挑戦』解説

【3-1】野心的な複線シナリオの採用～あらゆる選択肢の可能性を追求～

【3-1-1】今問うべきは、日本の潜在力を顕在化させる打ち手

・脱炭素エネルギーシステムはなお開発途上にある。各国も試行錯誤の挑戦をしている。日本は水素・蓄電・原子力の基礎を持つ。

　ここは、「2050年を展望したときに、脱炭素技術に係る帰趨は見えていない。技術開発競争を鑑みた場合、日本には水素・蓄電・原子力の技術基盤を持っている。これの覇権を目指すべきではないか」という主張である。

　これについては【1-2-1】で解説したが、再度簡潔にコメントしておく。2050年という区切りは、80％以上温室効果ガスの削減が実現される時点である。エネルギー起源では電力は最もゼロエミ化しやすいことから、ほぼ100％ゼロエミになっている必要がある。ゼロエミ電源は、原子力、再エネ、CCS付き火力の3つになる。今までも何回か根拠を示しながら述べたが、このなかでは再エネが主力となると考えるのが最も蓋然性が高い。そして熱や運輸をゼロエミ電力にシフトさせる戦略が一般的になる。

　再エネ電力の主役は太陽光、風力の変動型となっていく。それを考えると、「選択肢」とは、変動型再エネ（VRE: Variable Renewable Energy）を調整する柔軟性をどのように確保するかを巡るものであるべきだ。

　第5次エネルギー基本計画では、選択肢の組み合わせとして原子力、火力、再エネの3エネルギー源と、CCS、水素、蓄電池の3技術を挙げる。しかしまずは市場取引を活用して、広域に存在する様々な調整力を系統などのインフラで利用するのが最も効率がいい。これに取り組み、その

後に蓄電池、水素の利用を検討するのが順番と考えるのが普通だが、そのようなスケジュール感が全くなく、同列に取り扱われている。この箇所は検討が不十分であると言える。日本で言うところの「システム改革」をしっかりと実現することが肝要である。

【3-1-2】主要国の比較、全方位の複線シナリオの有効性

・主要国は、自然変動型の再エネだけでなく、水力や原子力などの多様な脱炭素化手段を採用。再エネ一本のドイツより全方位の英国、仏などが、温室効果ガスの排出を着実に減らしている。

【3-1-3】我が国固有のエネルギー環境（資源有無、国際連系線の有無、面積制約）

・エネルギー選択には国ごとの特殊性・固有性がある。日本は英国に近い。

　これは従来から、よく登場する主張である。「島国で縦（東西）に長い」、「化石資源が賦存していない」、「密度の小さいエネルギー源である自然エネルギーに依存するには国土が狭い」等々である。日本は、欧州大陸諸国よりは英国に近く、見習うべきは英国だとしている。

　しかし実際には、日本のエネルギー需要量は大きく、個々の電力会社の規模は欧州の1国分にも相当する。市場規模はEUの9〜10カ国に相当すると考えられる。供給信頼度を重視し、累次にわたる景気対策もあり送配電網は充実している。FIT認定量は9100万kWにも上り、海域は世界で6番目に大きい。またEUを見ると、イベリア半島やアイルランドは系統的には陸の孤島であるが（再エネ率は高い）、英国は何本もの国際連系線計画を有する。ノルウェーのダムについては、自国あるいはスカンジナビア諸国内への供給力を持つが、それ以上の開発については、ノルウェーは決して積極的ではない。「グリーンバッテリー」は大陸諸国からは期待されているが、ノルウェー自体はこれについては冷静である。

　このあたりの内容に関しても、既に【1-2-3】において解説した。また、本書第2章第5節でも考察している。以下再度、簡潔に整理、紹介しよう。

EUは、2009年G8で決まった2050年8割以上削減目標に真剣に取り組んできた。エネルギーロードマップを作成し、複数の脱炭素シナリオを試算したが、どのシナリオでも電力はほぼ100%ゼロエミとなり、その手段は再エネとなる。この方針は2020年目標、2030年目標に忠実に活かされてきた。当然ではあるが、EUではこれがEU指令に明記されており、統一がとれている。

　ドイツは、高度な技術が必要かつ困難な国際間政治調整を伴う大規模海底ガスパイプライン「ノルドストリーム」を建設した。現在2ルート目の建設中である。この事実からどうして「再エネ一辺倒」と言い切れるのだろうか。CO_2削減に係る最大のハードルは、ドイツ国内に豊富に賦存する褐炭を燃料とする発電所の存在である。ここには地方の産業や雇用に係る政治的な問題がある。全関係者が参加する通称「石炭委員会」にて2018年度中に結論を出し、2019年にはフェーズアウトの時期を公表する予定である。原発減少を上回る再エネ増加を、供給信頼度を損なうことなく実現し、最近2030年の再エネシェアを50%以上から65%以上への上方修正を決めたドイツは、褐炭問題に決着をつければ、どこかの国と異なり、一気にCO_2削減が進むスキームが出来上がっていると言える。

　フランスは、再エネ普及に積極的であり、日本よりも割合は高い。更新に係る問題をも見込んで原子力の割合を7～8割から5割に低下させることを決めている。

　英国は、自由化の先陣を切ったことを含め、常にエネルギー問題に真剣に取り組んできた。環境問題にも熱心で、温暖化問題解決に関しても積極的にオピニオンをリードしてきた。しかし、北海石油資源の減衰に加えて市場整備や再エネ普及が必ずしも好結果を生んでいない。そのために、特別なカーボンプライスを設けて石炭火力の削減を実現しており、2025年のフェーズアウトを決めたところである。さらに、高額な原子力新設への助成を余儀なくされている。ただし、国際連系線が整備されると原発は不要になるとの見方もある。必ずしも手本とするほど上手くいってはいないのではないか。

　再エネ主導によるCO_2削減、低炭素維持を実現している国は、北欧諸

国、アイスランド、アイルランド、スペイン、ポルトガルなど多く存在する。繰り返しになるが、EUとして温室効果ガスを2020年に20%削減、2030年に40%削減することを決めている。また、再エネ発電としてシェア35%、50～60%を決めている。

　米国の主要州もCO_2削減に熱心である。大型ハリケーンや寒波の影響を受けるニューヨーク州、熱波や山火事が頻発するカリフォルニア州は、2030年で50%の再エネ目標を州法に明記している。石油・天然ガスの大生産地であるテキサス州は、風力発電比率20%を実現している。

　こうしたなかで、第5次エネルギー基本計画では、例として挙げた国が限られているし、例示した国の解釈についても疑問に思われる点が多い。

【3-1-4】あらゆる選択肢の可能性を追求する野心的な複線シナリオの採用

　これについてのコメントは、本書の他の箇所で既に述べている。本流であるはずの再エネと、CCS付き火力、革新技術の原子力、2次エネルギーの主役としての水素とを同列で議論しているが、これには無理がある。

【3-2】2050年シナリオの設計

【3-2-1】「より高度な3E＋S」～複雑で不確実な状況下での評価軸～

　より高度な3E+Sでは、Safety（安全最優先）に技術・ガバナンス改革による安全の革新が加わる。Energy-Security（資源自給率）には技術自給率および選択肢の多様化確保が、Environment（環境適合）には脱炭素化への挑戦が、Economic-Efficiency（国民負担抑制）には自国産業競争力の強化が、それぞれ加わる。

　「資源自給率に加え、技術自給率と様々なリスクの最小化のためのエネルギー選択の多様化を確保する」とあるが、これは「核となる技術は自前でなければならない」ということである。

　しかし資源開発、発電、石油精製、原子力など、主要なエネルギー関連技術は海外で開発された。

リスクとして「再エネの出力変動、事故・災害、化石資源の地政学、希少資源、先端技術他社依存」が挙がっているが、出力変動以外はむしろ再エネが強みを持つ分野である。出力変動についても多様な克服策が判明しており、実際に利用されてきている。再エネの課題を克服するための技術開発・システム開発に傾注すべきであろう。

　この部分と同様の記述が、【1-1-1】にあり、既にそこで筆者の論考を紹介している。

　資源自給率について、どうして食糧自給率や木材自給率のように「エネルギー自給率」という表現を使わないのか。国内資源による純粋な自給率引き上げが最重要な目標として掲げられるのが当然であろう。

　「技術自給率」とは聞き慣れない言葉である。我が国は技術立国を標榜してきており、イメージとしては分かるような気もする。資源のない日本が拠って立つ基盤は人であり技術であることは真理であろう。しかし、ここで記述されていることは非連続的な技術であり、それがあれば商業化・産業化においてもリードできるとする従来型の発想となっている。一方で、非連続でなくとも、大規模生産による低コスト化（低コスト技術開発）により、市場を席巻する動きもあり、それが近年目立ってきている。この近年の状況を踏まえ、政策により方向性と大胆な数値目標を提示し、予見性を与え、技術を誘導するという視点が欠けている。

　自然エネルギーが豊富な日本は、再エネを中心とするエネルギー革命のなかでは、有利な立ち位置にいる。膨大な埋蔵量があるとされるメタンハイドレートについても、第5次エネルギー基本計画における存在感は薄いが、その開発は重要である。風力、太陽光を中心とする再エネは、燃料が不要で（コストゼロで）、資本費とメンテナンス費のみを要する世界である。これは、エネルギーを工場で作るシステムであり、設備・部材の大量生産技術の存在が大きくなる。

　この「技術自給率」といった考え方は、第5次計画全体を通した前提になっており、重要な論点である。これについては本書第2章第4節において考察しているので、そこを参照されたい。

さて、「より高度な3E」であるが、「低炭素化」から「脱炭素化」へと表現が強まったことは前進である。ただ、挑戦という言葉は、脱炭素の成果を出せなかったときに備えた「逃げ」のようにも見える。

　自国の産業競争力の強化は当然の政策である。だからこそ、明確な目標と大胆な数値目標が必要である。「予見性」のないところで投資や技術開発を期待するのは難しい。これについては、本書第2章第1節にて考察している。

【3-2-2】科学的レビューメカニズム

・最新の技術動向と情勢を科学的に把握し、透明な仕組み・手続きの下、各選択肢の開発目標や相対的重点度合いを柔軟に修正・決定していく「科学的レビューメカニズム」の具体化に向けた議論を早期に開始。

　「科学的レビューメカニズム」であるが、質の高い情報収集・発信を行うことは国全体として見れば常に正しいことと言える。日本は、市場取引、インフラのオープンアクセス、再エネ、分散型などの急展開する情勢の情報収集を怠ってきた。あるいは曲解して国内に伝えてきた。その結果、今後の主流となる革新的な分野で周回遅れになった。このレビューメカニズムの狙いは必ずしも明確ではないが、情報収集とその解釈は重要である。

　一方で、国が関与する仕組みは、柔軟性やスピード感に欠ける傾向があるので、この点は留意が必要である。再エネや蓄電池について、コストが急低下し急速に普及することを誰が予想したであろうか。半年いや一カ月で状況が大きく変わるような時代、また100年に1回のエネルギーシステムの変革とも言われる時代に、政府関与の委員会などでタイムリーにフォローできるかは疑問がある。また昨今話題の、「政治への忖度」が生じる可能性もある。これまでの反省に立ち、国が真剣に取り組むことを切望するが、中立的なシンクタンク、アカデミズムの役割にも期待したい。

【3-2-3】脱炭素化エネルギーシステム間のコスト・リスク検証とダイナミズム

・エネルギー源のコスト・リスク比較ではシステム全体の脱炭素化やリスクの程度は測れない。「電源別のコスト検証」から「脱炭素化エネルギーシステム間のコスト・リスク検証」への転換が必要。

　ここは、「これまでコスト比較の中心であった電源別発電コストは、エネルギーとして領域が狭いこと、系統や需給調整に係るコストを含めたコスト比較は困難であることから、脱炭素を進めるシステム間での比較に転換する」ということである。ここでは「転換する」と言い切っている。ただこれについては「電源別では、原子力の優位性の喪失が分かってしまうから」といった解釈も出ている。比較すべきシステム例として、再エネ・電力貯蔵系、水素・合成ガス化、既存の脱炭素化エネルギー（水力、地熱、原子力）、デジタル技術で統合する分散型エネルギーを挙げている。脱炭素化エネルギーシステムの代表例・典型例は、再エネ・系統・柔軟性だと思われるが、それについての言及はない。再エネの重要な構成要素である水力・地熱は「原子力組」に分離されている。事例の出し方にある種の思惑が感じられる。

　個別電源からシステムの比較に転じようとする趣旨については納得できるが、イメージしているシステムの範疇が狭いことも問題だ。特に2050年を展望した「エネルギー情勢懇談会」で登場する例だが、ルーフトップソーラーと家庭用蓄電池とをセットにしたものと大規模な原子力発電とを比較している。それにどれだけの意味があるのだろうか。蓄電池付きオンサイトソーラーは付加価値の付いた家電ともいえるもので、これを従来の意味でのシステムと言っていいのだろうか。「規模の違い」、「卸と小売りの違い」、「長距離輸送とオンサイトとの違い」を無視して発電コストとして比較することにどれだけの意味があるのだろうか。

　また、時代遅れとも言われるベースロード、ミドル、ピークという考え方からの脱却をようやく示唆しているが、その思考をまだ引きずっているようだ。燃料費（限界費用）ゼロで豊富なエネルギー生産量を期待

できる環境の下では、再エネは主力電源あるいは優先電源になり、需要曲線（ロードカーブ）から総再エネ出力カーブを引いた残余需要（ネットロード）に対して、再エネ以外の柔軟性（フレキシビリティ）が市場を介して効率的に選択されるシステムに移行していくことになる。自由化、脱炭素化、IoTの発展などを背景に、そうしたトレンドははっきりとしてきている。日本でも、九州電力は既にそのような事態が生じている。

図3-5は、カリフォルニアISOがそのウェブページで時々刻々公開しているエリア内の電力需給情勢である。需要、再エネ発電電力量、需要から再エネを引いたネット需要（残余需要）に関し、予測と実績を示している。ここでは、ベース、ミドル、ピークという範疇はなく、従来型発電はネット需要を市場原理で分担する役割となる。

そうした枠組みの中で、ステージによりどのように需給調整をするのかという選択ではないか。強調されている蓄電池、水素は、こうした枠組みを補完する一つの選択肢と言えるのだろう。家電プラスアルファに矮小化された選択肢（ルーフトップソーラー＋蓄電池）、地球規模で資源を集めて大規模システムを継続するようなシステム（化石燃料由来CCS付き水素）、エネルギー効率的に無理があるようなシステム（再エネ余剰電力＋電気分解＋水素利用発電）が選択肢として通常の再エネ普及と同列に並ぶのは違和感がある。通常の再エネ普及とは、再エネの変動をネットワーク（系統）や市場取引にて調整するシステムのことである。

コストや技術の時系列を見据えた議論をすべきである。系統や市場を利用した調整に限界が来た時点で、蓄電池や水素の出番となる。また例えば、価値の暴落した化石燃料資源を購入しておいて、将来技術開発が進みコスト、エミッション、セーフティをクリアする時期に利用するという手もある。

【3-3】各選択肢が直面する課題、対応の重点

この【3-3】では、2050年を見据えたエネルギー資源ごとの課題について、整理している。既に2030年断面の位置付けや政策対応についての批

図3-5　CA-ISOの電力需給情勢（7/8/2016）

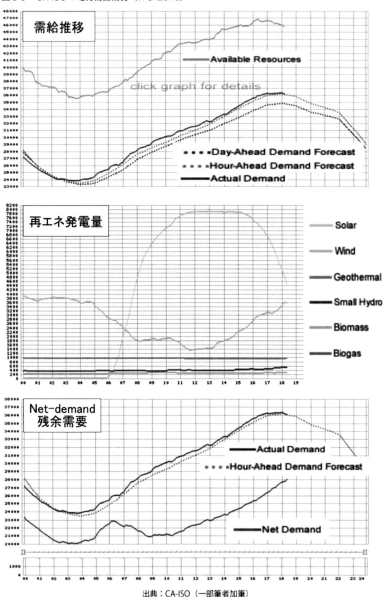

出典：CA-ISO（一部筆者加筆）

評については、【2-2】にて解説している。これらは、2050年ではどう捉えられているのであろうか。

【3-3-1】再生可能エネルギーの課題解決方針

・経済的に自立し脱炭素化した主力電源化を目指す

・価格の国際水準並み引下げ、FITからの早期自立、既存送電網開放徹底、補完の火力容量維持に取り組む

　2050年断面においてのこの認識は、非常に違和感がある。2050年時点で、再エネ電源の主力化はもとより自由化の基本であるオープンアクセスさえも実現し切っていないと受け取れる。2030年断面と同等あるいは後退しているようにさえ見える。2050年断面のこの箇所は、混乱を招くだけなので、ないほうがいいとさえ思える。

　火力発電の箇所は、守旧派の気持ちは分からなくもないが、予備力の候補が多様化する中で、火力が維持する容量とはどの程度の水準なのか、国民負担が重くなるとの指摘もある容量市場は無条件に存在し続けるのかといった分析がない。技術開発に伴い省エネ、再エネ、ストレージ、熱需要などが「容量」としての機能をもち、火力だけの専管ではなくなっていく。この分析・解説もない。火力維持ありきが前提にあるように見える。

・技術革新(発電効率抜本向上、蓄電池・水素システム開発、デジタル技術開発、送電ネットワークの再構築、分散型ネットワーク開発等)

　技術革新については、今回の報告では、一貫して従来型の研究開発の発想に拠っている。

　太陽光発電の場合は、コスト削減余地の多くは建設・設置部門である。特に日本の場合はこの分野のコスト低減化が求められる。主力電源として、更なるコスト低減を発電効率に求めることは、理解できる。今後、中国をはじめ諸外国とのし烈な競争になるが、技術の芽出しで先行しても、大量生産技術の遅れでその果実を全うできない懸念も付きまとう。ただし、超薄型、透明性などにより設置場所を広げられる技術はニッチかもしれないが、有望であろう。

　蓄電池、水素開発は我が国に残っている有望技術として期待は大きいことは理解できる。世界的には2050年断面では活躍している可能性があ

る。しかし、系統運用（システムオペレート）、市場運用（マーケットオペレート）が機能し、インフラが十分に活用され、柔軟性（フレキシビリティ）が活躍できる環境の存在が前提となる。再エネが十分に普及し主力電源化している前提の下に、蓄電池や水素の活用が見えてくると考えられる。再エネの主力をまだ決めきれていない（ようにみえる）状況では、期待する技術の発展も覚束ない。再エネに積極的な海外のほうがむしろ開発の環境はいいのである。

　デジタル技術は、オバマ政権発足時にスマートグリッドが注目されて以来期待されているが、これも市場取引とセットで商業化し、発展するものである。実証事業から商業化への環境が整備されていることが前提となる。デジタル技術は広域からローカルまで幅広く利用されるものであるが、ここでは、分散型システムを念頭に置いていると考えられる。ルーフトップソーラーなどのDER（Distributed Energy Resources）普及が前提となるが、やはり再エネ主力化の本気度が試される。分散ネットワーク開発も全く同様の論点となる。

【3-3-2】原子力の課題解決方針

・自立した再エネ拡大を図る中で、可能な限り依存度を低減

　ゼロエミ電源として一方の主役であることは理解できる。しかし、再エネと原子力は補完関係、トレードオフの関係にあるかのような誤解を招く。再エネが自立しない限り、また普及しない限り原子力の依存度を低下させることはできない、という印象を与える。原発は再稼働に時間を要している、社会的な理解を得るのに苦労しているが、これは再エネのせいであるかのような議論が時折みられる。優先給電、送電線の先行接続に係る利益など、その逆（原発が再エネ普及を妨げている）は現実にあっても、再エネ普及が原因で原子力が不調というのは理解しがたい。原子力事故や再稼働などに時間を要しているのは、再エネが原因ではない。自らの責任だと考えるのが自然である。

・実用段階にある脱炭素化の選択肢

　ここも気になる。脱炭素化の選択肢として、再エネは実用化段階にな

いかのような印象を与える。再エネは、世界的には主力電源となっており、電力投資の大半を占めている。EU28カ国では電力に占める再エネ比率は既に3割に達している。大規模安定電力ともいえる洋上風力は既存発電と伍すコストを実現している例が出てきている。日本も、内外価格差問題はあるものの、基本的な構図に差はない。しかもこれは2050年断面である。再エネが実用化の段階に到達していない可能性は非常に低いと考えられる。

・安全性・経済性・機動性に優れた炉の追求

　原子力のゼロエミという特性、技術の維持、選択肢の確保などを考えると、新型炉を追求する姿勢は理解できる。しかし、それが実現するころには低コストとなっている再エネが主力となっており、電力だけでなく運輸や熱でエネルギーを融通する「セクターカップリング」のような柔軟性が完成している可能性がある。経済性の面で活躍の場が確保できるかという視点もある。

【3-3-3】火力の課題解決方針

・エネルギー転換・脱炭素化が実現するまでの過渡期において主力

　火力は過渡期において主力であるということは、現状から少なくとも2030年にかけては「大主力」に位置付けられていると思われる。

・よりクリーンなガス利用へのシフトと非効率石炭のフェードアウト

　ここは、理解できる。ただし、80%以上の削減を実現している断面で、これで良いのか、という疑問もある。EUは効率か非効率かを問わず、フェーズアウトを進める。既に英国、フランスを含めて1/2以上の加盟国が2030年までのフェーズアウトを決めている。

・高効率クリーンコールにより世界の低炭素化を支援

　ここは、批判を含めて多くの議論があるところであろう。

・長期では、CCS＋水素への転換を日本が主導

　2050年までに実現可能であろうか。超長期のスパンはどうなるか。

【3-3-4】熱システム・輸送システムの課題解決方針

・電化・水素化への転換の可能性を追求
・インフラ更新への予見可能性を高める

　電化と水素化とに分けたスケジュールを提示すべきであろう。世界は、特に電化への流れが急で、日本メーカーも同様の動きをしている。

【3-3-5】省エネルギー・分散型エネルギーシステムの課題解決方針

・分散型エネルギーシステムの成立の可能性を高めていく
　表現が慎重である。スケジュールにスピード感がない。
・産業トップランナー制度の活用等を通じ、世界トップレベルの我が国省エネ水準の更なる向上
　最終消費における省エネ偏重から、発電プロセスで生じる膨大なロスの削減の視点を盛り込むべきである。

【3-4】シナリオ実現に向けた総力戦対応

【3-4-1】総力戦対応

・エネルギー転換に向け、政策・外交・産業・金融の好循環を実現

　「エネルギーは国家繁栄の礎であり、脱炭素化という困難で予想の難しい課題克服に向けて、日本が主導権を取り、世界に敬意を払われるような戦略を策定し、その実現に向けあらゆるセクターが総力で立ち向かわなければならない。また、セキュリティだけでなく、産業競争力、金融の活躍などの面でもエネルギーが大きな存在感を持つべきだ」という格調の高い下りである。

　一方その戦略については、考えられる複数の選択肢を常時研究して、最も好ましいあるいはその組み合わせを考えるということである。再エネ主導で進むトレンドには乗り遅れたが、脱炭素の切り口で、日本の優位性が残っていると思われる技術（水素、蓄電など）が逆転勝利を生むかもしれないということであろう。

　「最重要課題であるエネルギー政策」とは、その通りであるのだが、長

きにわたり従来のシステムに縛られ戦略のないままに来たように思えてしまう。政治的に最重要視されたようには思えない。いずれにしても、原点に立ち返って、エネルギーの重要性を再確認することは重要ではあろう。

【3-4-2】世界共通の過少投資問題への対処

・エネルギー転換・脱炭素化の中で生じる過少投資問題への対処の必要性

「FIT制度の下で大量導入される再エネが電力価格の変動を増幅し、支援を受けた分だけ価格低下を招くことから火力は苦境に陥る」としている。最後に近い重要な箇所でのこの表現は、第5次エネルギー基本計画の価値を落としている。せっかく「再エネの主力化」をうたっても、本音はどうなのかと思わせる下りである。

市場価格の低下は、コストの低いエネルギー源が選ばれるという自由化の成果であり、市場化された国で軒並み生じている現象だ。まず、この事実が抜けている。米国で石炭が追い込まれている最大の要因は天然ガス価格の低下である。燃料費ゼロの再エネの普及はこれを助長する。政府支援は、「新しい技術であるが将来の効果を認めてテイクオフするまでの間は支援しよう」と決めたことである。自由化促進も再エネ普及も、政策判断で導入されたことであるし、これは世界のトレンドでもある。元に戻ることはない。もちろん課題が判明したら、対策を考えることにはなる。

また、「再エネ導入で先行するドイツでも、この事態を放置すれば、再エネを含めていかなる投資も回収できなくなる」としている。これは、エネルギー情報懇談会に招待されたエネルギーエコノミスト、フェリックス・マッティス氏の発言の一部を恣意的、断片的に都合良く取り上げたものと考えられる。

筆者はマッティス氏から2回直接話を聞いている。マッティス氏は、ドイツエネルギー政策の有力なアドバイザーで、エネルギーの自由化や再エネ推進を否定してはいない。市場取引やアンバンドリングも高く評価している。彼の主旨は、「途中段階の課題が見えたので、その対策を考え

る必要がある」ということで、第5次計画に記載されたような内容ではない。

◆底辺に既存大規模設備に金融が付かない不安

さて第5次エネルギー基本計画の最後の箇所になるが、ここで投資、金融が登場する。「満を持して」の登場であるが、この認識が第5次計画全体の論調に影響を与えていたのではないかと考えられる。

分かりにくい記述だが、要するに、大規模火力発電への投資が滞ることに対する懸念が前提としてある。「電力システム改革貫徹のための政策小委員会」にて、容量市場、ベースロード電源市場などを整備する方針が示されている。世界の電源開発はその多くを再エネが占める予想となっている。タービン・発電機などのメーカーも、原子力・大規模火力関連が市場縮小に直面していることから再エネ技術へのシフトを進めている。

市場取引により選ばれるシステムでは、発電電力量（アワー）は限界費用（燃料費）の低い再エネがまず選択される。一方で、需給が一致する価格と数量では、再エネを補完する火力発電などは投資回収に必要十分な量と価格が保証されることにはならない。そのために、火力発電などへの投資が滞ることになりかねない。この事態を懸念して「対処の必要性」を主張している。

◆自由化時代のリスクヘッジは市場のシグナル：基本はスポット市場

しかしここでは、以下の議論が不足している。まず、投資リスクをヘッジするする手段の議論である。基本は先物あるいは先渡し取引市場の整備であるが、このためにはスポットを扱う卸取引市場の整備が前提となる。日本では電力先物取引市場はまだ創設されていない。先渡し市場は、本来スポット取引を取り扱う卸取引所が運営しているが、ほとんど取引実績はない。また、長期相対取引の締結も伝統的なヘッジ手段であり、多くの取引はこの形態である。しかし、これも本来卸市場からの価格シグナルが参考指標となる。

◆容量市場は解決策か：PJMとアーコット

　次に、卸取引市場などをどこまで活用するかに関する議論が重要である。日本では、容量市場を創設することが決まっており、現在その準備が進められているところである。容量市場は将来の予備力（容量）に係る需要を予想しそれを入札にて調達する市場である。発電事業者などが入札に参加する。需要量は保守的に見積もられ余裕が生じる傾向が強いとされる。すなわち供給過剰気味となり、その容量に対する支払のために国民負担が増す傾向が強い。

　容量市場の整備は米国で先行したが、そのシステムは様々である。代表例は米国の北東部11州およびワシントンDCを管轄する広域運用機関（RTO：Regional Transmission Organization）であるPJMのシステムである。同組織は東電と提携関係にあることもあり、日本の制度設計に大きな影響を及ぼしている。4年後以降の2年間の予備力を入札で決める。新規、既存の区別のない一つの市場であり、対象設備には火力、原子力だけではなくデマンドレスポンス、省エネ、再エネ、ストレージなどが含まれる。目的は、予備力の確保だけではなく、新規投資の誘発、競争力を失った設備の退出がある。これまでに、3000万kWもの新規投資があるが約8割は天然ガスで、ほぼ同規模の退出があるがそのほとんどは石炭である。他に1000万kWの落札があるが、この多くはデマンドレスポンスである。このように、容量市場は、新陳代謝を促す役割も持つ。既存設備の温存という役割はない。

　また、PJMでは現在、予備率が35%と供給過剰の状況となっており、エネルギー市場の価格低下を招き、結果として投資採算の悪化を招いている。すなわち、発電設備の予備力としての価値が評価される一方で、本丸のエネルギーとしての価値が下がり、結果的に回収が困難になっているという事態が生じている。

　PJMと対照的なのがテキサス州の独立運用機関（ISO）であるアーコットである。ここはエネルギーオンリー市場と称される。すなわちエネルギー市場のみであり、容量市場はない。予備力確保を含めて卸市場の有

する価格メカニズムでの調整に委ねている。需給が逼迫したときは、価格が上昇するが、それを人為的に抑制しない。同州で容量市場導入に最も強く反対したのは産業協会であった。同協会は、容量市場の創設によりコストは1割上がると試算していた。

　容量市場が存在しないのは、テキサスだけではない。ドイツも多くの議論を経て、容量市場の創設は見送った。代わりに、予備力として老朽化した褐炭火力発電を一定期間待機させる制度等を導入した。米国でも、NY-ISOが採用する容量市場はオークションの対象が半年から1年後であり、PJMの3年後に比べると短く、PJMとアーコットの中間的な位置づけである。いずれも卸市場の価格調整機能に悪影響が及ぶことへの警戒が背景にある。

　このように、容量市場は、必ず整備されているわけではなく、バリエーションも多い。日本は、導入ありきで是非を含む議論はなされなかった。卸市場の整備はまだ途上であり、そうした中での拙速ともいえる導入は、今後問題を生起する可能性が高い。

【3-4-3】4層の実行シナリオ

　総力戦を遂行していく上では、国内政策、外交、産業・インフラ、金融の4層に分けて取り組みを具体化・実行していくとしている。これまでの説明を要約している。
・エネルギー政策の展開
・国際連携の実現
・産業強化とエネルギーインフラの再構築
・資金循環メカニズムの構築

◆変革の停滞を招く既存システムと金融の関係

　最後に金融が登場するが、大きな転換時において金融の果たす役割は大きい。何事もファイナンスがつかないと動かないし、それを担当するセクターの理解とリスクテイクの実力がものをいうからである。
　自由化進展、省エネ・再エネ普及、分散型システムへのトレンドの中

で、従来型大型設備の投資を継続できるか、金融機関は投融資を実行できるかが懸念されている。そのことがよく分かる記述であるが、ここまでくると第5次エネルギー基本計画全体を覆う既存システム寄りのトーンがよく理解できる。率直にいうと「自由化、再エネ普及、節電浸透というなかで、従来型大規模設備に金融機関はお金を貸してくれるの？」という視点である。

　金融機関からみると、「既に融資した設備は償還期限までは持ちこたえてほしい」、「多額の資金を融資している会社には継続してほしい」ということになる。また、「制度的に回収が保証されている設備には融資をしたいが、市場で決まる価格での回収は判断が難しく困る」ということになる。

　日本の金融機関の保守性、勉強不足が従来のシステムを温存する温床となっている可能性がある。政府の方針、エネルギー基本計画の表現から、自由化、再エネ普及に及び腰となる原因として、この金融機関の保守性が影響していることも挙げられる。本来は、時代を読んで勉強し、積極的にリスクをとりに行く金融機関の姿勢が、新たな動き、新陳代謝を促すものであるべきだ。

　解は透明性、公平性、流動性などに優れた市場取引の整備であり、インフラの完全中立化ではないか。各市場（先物・先渡し、前日・当日、スポット、アンシラリー（需給調整）、容量）により選択される設備について、長期的な価格や稼働を推測して回収を判断することになる。特に先物・先渡し取引の整備が重要になると考える。

終わりに　－マストなエネルギー政策の再構築－

◆関心を集めるエネルギー政策

　過去に例のない世界的な猛暑、豪雨、逆走する台風など、気候変動、温暖化問題がリアリティを増してきている。「慎重だった日本企業もゼロエミに積極的に取り組み始めた」、「日本にいても感じる再エネ時代到来の確かな足音」、「明らかになった送電線は足りているという事実」、「長引く原子力存廃を巡る議論」、「プルトニウム削減表明のインパクト」、「石炭火力計画が先進国では突出して多い事実と批判」等々、世間のエネルギーに対する関心は高まってきている。これらのメディアへの登場回数も格段に増えたように感じる。筆者の京都大学経済学部での講義登録者数は240名に上る（最大の要因は、単位が取りやすいからとの噂もあるが）。

　筆者は、東北公益文科大学、京都大学経済学部においてエネルギー経済論、エネルギー政策論の講義を担当してきた。経済論では、エネルギーバランス図に沿う形で、日本を中心に内外の現状を解説している。政策論では、戦後のエネルギー政策について、その時々の経済・産業の発展に重ねて解説している。2018年度のエネルギー白書では、奇しくも第1章において、明治以降のエネルギー情勢とそれを背景に展開してきたエネルギー政策の推移を特集している。第5次エネルギー基本計画が策定されたタイミングで過去のトレンドを辿り、今回の内容に繋げようとする意図があるのだろう。

◆迷走するエネルギー政策

　資源に乏しい日本では、エネルギーは本来最も重要な政策課題である。しかし、エネルギー政策を巡る議論は停滞している。これに関しては、いろいろな説がある。「エネルギーは票にならないなどの理由から政治の関心が高くないこと」、「原子力や電力会社の経営問題などについて正面切った議論をするのを躊躇していること」、「エネルギーシステムの大きな転換点であるが、既存勢力がまだ大きなロビー力を持っていること」、

「そもそも転換点であることに気が付いてないこと」などいろいろと挙げられる。そして市場と系統の革新こそが、変革の鍵を握るのだが、日本人にはこの理解は特に難しいようで、メディアをはじめついてこられていない。行政もどこまで理解できているのか疑問に感じる。

筆者は、日本のエネルギー政策は、高度成長に向けた供給力確保、石油危機克服、公害対策までは上手く機能していたが、1990年代に入って以降、地球環境問題、規制緩和、そして市場化・脱炭素化の流れに対しては、上手く機能していないとみている。今回の無策とも言える第5次エネルギー基本計画はその延長線上にある。

3.11東日本大震災以降、日本のエネルギー政策は迷走してきた。再エネを主力と考える世界、特に先進国の動向から周回遅れと言われて久しい。3.11以降、原子力を基盤とするエネルギー政策からの転換が明らかになったが、基本政策の策定に3年、長期需給見通し策定に4年を費やした。

そしてようやく2015年7月に温室効果ガス削減、電力ミックスなどの数字が示された。しかしその根底には従来の発想が根強くあり、3.11直後の再エネ主力化、地域分散型へという変革を予想・期待する風潮は後退した。

その後3～4年が経過し、計画の見直しが行われ、2018年7月に第5次エネルギー基本計画が閣議決定された。そしてその内容は、この間多くの変化、トレンドの明確化があったにも拘らず、前回の踏襲となった。

戦後から高度成長にかけての供給不足解消、オイルショックの省エネ・代エネでの克服など、輝かしい歴史を持つ日本のエネルギー政策はどこへ行ってしまったのだろうか。資源の乏しい日本において、エネルギー問題の克服は、常に最も重要な政策課題であるはずだ。

◆第6次エネルギー基本計画は前倒し策定となる

第5次計画は、前回の需給見通し作成から3年経過しているにも拘らず数値を変えていない。そのため基本方針も変わっていない。3年後である2021年にも予想される第6次エネルギー基本計画までは、このままと

いうことになるのだろうか。これについてはやはり、パリ協定との関係がある。パリ協定では、5年ごとに上方修正を前提とした削減策の見直しが義務付けられており、2020年が提出期限となる。また、2050年をめどにした排出削減の中長期戦略を2020年までに提出する必要がある。パリ協定の下では、3年もの猶予期間はない。前倒しでエネルギー基本計画が見直される可能性は高いし、そのようにしなくてはいけない。

◆求められる科学的・中立的な情報収集・提供

「終わりに」の冒頭で、国民のエネルギー問題への関心が高まってきていることに触れた。これは、今回の第5次エネルギー基本計画でも同様な指摘を行っている。さらに、第5次計画では、政府が率先して世界の情報を収集し、科学的に分析し、これを国民やシンクタンクなどに分かりやすくかつ随時提供していくと明記している。これが活発な議論を誘発し、エネルギー政策に反映されることを期待している。第5次計画では、こうした知的基盤を構築することの重要性を説いている。ここは筆者も全く同感である（同じ第5次計画の中に、科学的な分析に基づく記述であるのか疑問な箇所が散見されるが）。筆者が属するエネルギー戦略研究所、京都大学大学院経済学研究科再生可能エネルギー経済学講座も、常にこうした思いを持って、情報収集・発信に努めてきたつもりであるし、今後も継続していきたい。

本書は、第5次エネルギー基本計画の解説を通して、多くの問題点を指摘している。それらを通してエネルギー政策のあるべき姿を論じ、エネルギー政策論を展開している。エネルギー基本計画に係る質問や講演依頼は多く、第5次エネルギー基本計画の決定後時間を置かずに出版したいと考えていた。緊急出版の色合いが濃く、体系だった政策論とは言いにくいところもあるのは承知しているが、世の中の関心が高いタイミングでポイントを提示することが重要だと思った次第だ。こうした出版の機会を与えていただいた株式会社インプレスR&Dおよび適切なアドバイスを頂戴した宇津宏編集長に、また、今回の出版のきっかけを作って

いただいた須藤晶子氏に感謝申し上げたい。
　本書が、エネルギーに関心を持たれている方々に多少とも参考になれば、誠に幸いである。

　2018年9月
山家　公雄

付録

付録1　第5次エネルギー基本計画 目次

はじめに　（2）
第1章 構造的課題と情勢変化、政策の時間軸
　第1節 我が国が抱える構造的課題　（4）
　　1．資源の海外依存による脆弱性
　　2．中長期的な需要構造の変化（人口減少等）
　　3．資源価格の不安定化（新興国の需要拡大等）
　　4．世界の温室効果ガス排出量の増大等
　第2節 エネルギーをめぐる情勢変化　（7）
　　1．脱炭素化に向けた技術間競争の始まり
　　2．技術の変化が増幅する地政学的リスク
　　3．国家間・企業間の競争の本格化
　第3節 ２０３０年エネルギーミックスの実現と２０５０年シナリオとの関係　（10）
第2章 ２０３０年に向けた基本的な方針と政策対応
　第1節 基本的な方針　（12）
　　1．エネルギー政策の基本的視点（3E+S）の確認
　　2．"多層化・多様化した柔軟なエネルギー需給構造"の構築と政策の方向
　　3．一次エネルギー構造における各エネルギー源の位置付けと政策の基本的な方向
　　4．二次エネルギー構造の在り方
　第2節 ２０３０年に向けた政策対応　（26）
　　1．資源確保の推進
　　2．徹底した省エネルギー社会の実現
　　3．再生可能エネルギーの主力電源化に向けた取組

4．原子力政策の再構築

　　5．化石燃料の効率的・安定的な利用

　　6．水素社会実現に向けた取組の抜本強化

　　7．エネルギーシステム改革の推進

　　8．国内エネルギー供給網の強靱化

　　9．二次エネルギー構造の改善

　　10．エネルギー産業政策の展開

　　11．国際協力の展開

　第3節 技術開発の推進 （87）

　　1．エネルギー関係技術開発の計画・ロードマップ

　　2．取り組むべき技術課題

　第4節 国民各層とのコミュニケーション充実 （90）

　　1．エネルギーに関する国民各層の理解の増進

　　2．双方向的なコミュニケーションの充実

第3章 2050年に向けたエネルギー転換・脱炭素化への挑戦

　第1節 野心的な複線シナリオ〜あらゆる選択肢の可能性を追求〜（93）

　第2節 2050年シナリオの設計 （96）

　　1．「より高度な3E+S」

　　2．科学的レビューメカニズム

　　3．脱炭素化エネルギーシステム間のコスト・リスク検証とダイナミズム

　第3節 各選択肢が直面する課題、対応の重点 （99）

　第4節 シナリオ実現に向けた総力戦 （102）

おわりに （105）

付録2 新しいエネルギー基本計画の概要

第5次エネルギー基本計画

長期的に安定した持続的・自立的なエネルギー供給により、我が国経済社会の更なる発展と国民生活の向上、世界の持続的な発展への貢献を目指す
3E+Sの原則の下、安定的で負担が少なく、環境に適合したエネルギー需給構造を実現

「3E+S」	⇒	「より高度な3E+S」
○ 安全最優先（Safety）	＋	技術・ガバナンス改革による安全の革新
○ 資源自給率（Energy security）	＋	技術自給率向上/選択肢の多様化確保
○ 環境適合（Environment）	＋	脱炭素化への挑戦
○ 国民負担抑制（Economic efficiency）	＋	自国産業競争力の強化

情勢変化 ①脱炭素化に向けた技術間競争の始まり ②技術の変化が増幅する地政学リスク ③国家間・企業間の競争の本格化

2030年に向けた対応
～温室効果ガス26％削減に向けて～
～エネルギーミックスの確実な実現～
- 現状は道半ば
- 計画的な推進
- 実現重視の取組
- 施策の深掘り・強化

＜主な施策＞

○ 再生可能エネルギー
- 主力電源化への布石
- 低コスト化、系統制約の克服、火力調整力の確保

○ 原子力
- 依存度を可能な限り低減
- 不断の安全性向上と再稼働

○ 化石燃料
- 化石燃料等の自主開発の促進
- 高効率な火力発電の有効活用
- 災害リスク等への対応強化

○ 省エネ
- 徹底的な省エネの継続
- 省エネ法と支援策の一体実施

○ 水素/蓄電/分散型エネルギーの推進

2050年に向けた対応
～温室効果ガス80％削減を目指して～
～エネルギー転換・脱炭素化への挑戦～
- 可能性と不確実性
- 野心的な複線シナリオ
- あらゆる選択肢の追求
- 科学的レビューによる重点決定

＜主な方向＞

○ 再生可能エネルギー
- 経済的に自立し脱炭素化した主力電源化を目指す
- 水素/蓄電/デジタル技術開発に着手

○ 原子力
- 脱炭素化の選択肢
- 安全炉追求/バックエンド技術開発に着手

○ 化石燃料
- 過渡期は主力、資源外交を強化
- ガス利用へのシフト、非効率石炭フェードアウト
- 脱炭素化に向けて水素開発に着手

○ 熱・輸送、分散型エネルギー
- 水素・蓄電等による脱炭素化への挑戦
- 分散型エネルギーシステムと地域開発
  (次世代再エネ・蓄電、EV、マイクログリッド等の組合せ)

基本計画の策定 ⇒ 総力戦（プロジェクト・国際連携・金融対話・政策）

付録3　第5次エネルギー基本計画の構成

第1章　構造的課題と情勢変化、政策の時間軸

第1節　我が国が抱える構造的課題

1．資源の海外依存による脆弱性

原子力発電所の停止等により状況悪化、2016年度のエネルギー自給率は8％程度に留まる

2．中長期的な需要構造の変化（人口減少等）

人口減少による需要減＋AI・IoTやVPPなどデジタル化による需要構造の変革可能性

3．資源価格の不安定化（新興国の需要拡大等）

需要動向変動(中国等)と供給構造変化(シェール革命等)→2040年油価60～140ドル(IEA)

4．世界の温室効果ガス排出量の増大

2016年320億トン→2040年約360億トン(IEA新政策シナリオ), パリ協定・SDGsのモメンタム

第2節　エネルギーをめぐる情勢変化

1．脱炭素化に向けた技術間競争の始まり

再エネ・蓄電・デジタル制御技術等を組み合わせた脱炭素化エネルギーシステムへの挑戦等

2．技術の変化が増幅する地政学的リスク

地政学的リスクに左右される構造の継続、地経学的リスクの顕在化、太陽光パネルの中国依存等

3．国家間・企業間の競争の本格化

国家による野心的ビジョン設定、企業による新技術の可能性追求、金融資本市場の呼応

第3節　2030年エネルギーミックスの実現と2050年シナリオとの関係

●2030年ミックス実現は道半ば

①省エネルギー

2030年度に0.5億kl程度削減を見込み、2016年度時点の削減量は880万

kl程度

②ゼロエミッション電源比率

2030年度に44％程度を見込み、2016年度は16％(再エネ15%,原子力2%)

③エネルギー起源CO2排出量

2030年度に9.3億トン程度を見込み、2016年度時点で11.3億トン程度

④電力コスト

2030年度に9.2〜9.5兆円を見込み、2016年度時点で6.2兆円程度

⑤エネルギー自給率

2030年度に24％を見込み、2016年度時点で8％程度

●2030年に向けた考え方　　　　●2050年に向けた考え方

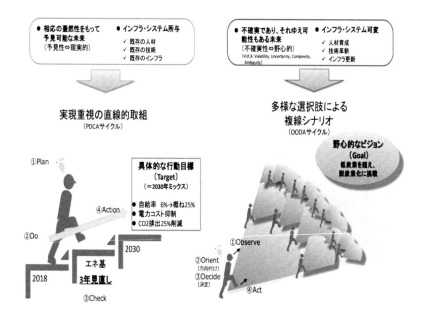

第2章　2030年に向けた基本的な方針と政策対応

第1節　基本的な方針

1．エネルギー政策の基本的視点(3 E + S)の確認：

安全性を前提にエネルギー安定供給を第一とし、経済効率性を向上しつつ環境適合を図る。3E+Sの原則の下、2030年エネルギーミックスの確実な実現を目指す

2．"多層化・多様化した柔軟なエネルギー需給構造"の構築と政策の方向：

AI・IoT利用等

3．一次エネルギー構造における各エネルギー源の位置付けと政策の基本的な方向：

各エネルギー源の位置づけ、2030年ミックスの実現に向けた政策の方向性、再エネの主力電源化への布石等

4．二次エネルギー構造の在り方：

水素基本戦略等に基づき、戦略的に制度やインフラの整備を進める等

第2節　2030年に向けた政策対応

1．資源確保の推進：

化石燃料・鉱物資源の自主開発の促進と強靱な産業体制の確立等

2．徹底した省エネルギー社会の実現：

省エネ法に基づく措置と支援策の一体的な実施

3．再生可能エネルギーの主力電源化に向けた取組：

低コスト化,系統制約克服,調整力確保等

4．原子力政策の再構築：

福島の復興・再生,不断の安全性向上と安定的な事業環境の確立等

5．化石燃料の効率的・安定的な利用：

高効率な火力発電の有効活用の促進等

6．水素社会実現に向けた取組の抜本強化：

水素基本戦略等に基づく実行

7．エネルギーシステム改革の推進：

競争促進、公益的課題への対応・両立のための市場環境整備等

8．国内エネルギー供給網の強靱化：

地震・雪害などの災害リスク等への対応強化等

9．二次エネルギー構造の改善：

コージェネの推進、蓄電池の活用、次世代自動車の普及等
１０．エネルギー産業政策の展開：
競争力強化・国際展開、分散型・地産地消型システム推進等
１１．国際協力の展開：
米国・ロシア・アジア等との連携強化、世界全体のCO2大幅削減に貢献等

第3節　技術開発の推進
１．エネルギー関係技術開発の計画・ロードマップ：
エネルギー・環境イノベーション戦略の推進等
２．取り組むべき技術課題：
再エネの革新的な技術シーズを発掘・育成、社会的要請を踏まえた原子力関連技術のイノベーション、水素コストの低減、メタネーションの技術開発等

第4節　国民各層とのコミュニケーション充実
１．国民各層の理解の増進：
情報提供・広報の継続的な改善、わかりやすい積極的な広報
２．政策立案プロセスの透明化と双方向的なコミュニケーションの充実
政策立案プロセスの最大限のオープン化、双方向型のコミュニケーション充実、地域共生に関するプラットフォームを通じた原子力に関するコミュニケーションの実施など

第3章　2050年に向けたエネルギー転換・脱炭素化への挑戦

第1節　野心的な複線シナリオ〜あらゆる選択肢の可能性を追求〜
●主要国の比較
　−英国：再エネ拡大・ガスシフト・原子力維持・省エネなど脱炭素化手段を組み合わせ→効果的にCO2を削減
　−ドイツ：省エネ・再エネ拡大のみで脱炭素化を追求→石炭依存によりＣＯ２削減が停滞
●我が国固有のエネルギー環境（資源に乏しく、国際連系線が無く、面積制約が厳しい）

→あらゆる選択肢の可能性を追求する野心的な複線シナリオの採用
第2節　2050年シナリオの設計
1．「より高度な3E + S」
　　○Safety：安全最優先＋技術・ガバナンス改革による安全の革新
　　○Energy Security：資源自給率向上＋技術自給率向上・多様化確保
　　○Environment：環境適合＋脱炭素化への挑戦
　　○Economic Efficiency：国民負担抑制＋産業競争力強化
2．科学的レビューメカニズム
　　最新の技術動向と情勢を定期的に把握し、各選択肢の開発目標や相対的な重点度合いを柔軟に修正・決定
3．脱炭素化エネルギーシステム間のコスト・リスク検証とダイナミズム
　　「電源別のコスト検証」から「脱炭素化エネルギーシステム間でのコスト・リスク検証」に転換
　　－電源別では、実際に要する他のコスト（需給調整、系統増強等のコスト）も含めたコスト比較は困難
　　－熱・輸送システムも含めてエネルギーシステム間の技術やコストをトータルに検証、ダイナミックなエネルギー転換へ
第3節　各選択肢が直面する課題、対応の重点
●再エネ：
　　経済的に自立し脱炭素化した主力電源化を目指す。高性能低価格の蓄電池の開発等
●原子力：
　　実用段階にある脱炭素化の選択肢。社会信頼回復のため安全炉追求・バックエンド技術開発等
●化石：
　　脱炭素化実現までの過渡期主力。ガス利用へのシフト、非効率石炭フェードアウト、CCS・水素転換等
第4節　シナリオ実現に向けた総力戦
●総力戦対応：
　　官民を挙げて、継続的な技術革新と人材の育成・確保に挑戦

●世界共通の過少投資問題への対処：
必要な投資が確保される仕組みを、着実に設計し構築
●実行シナリオ：
エネルギー転換・脱炭素化に向けた政策資源重点化、市場・制度改革等の政策展開、国際連携の実現、産業の強化とエネルギーインフラの再構築、資金循環メカニズムの構築等

||||||||||||||||||||||||||||||||||||||||||||||||||||||||||||||||||||||||||||||||||
【付録出典】
付録1：第5次エネルギー基本計画（資源エネルギー庁）
http://www.enecho.meti.go.jp/category/others/basic_plan/pdf/180703.pdf

付録2：新しいエネルギー基本計画の概要（資源エネルギー庁）
http://www.enecho.meti.go.jp/category/others/basic_plan/pdf/180703_01.pdf

付録3：新しいエネルギー基本計画の構成（資源エネルギー庁）
http://www.enecho.meti.go.jp/category/others/basic_plan/pdf/180703_02.pdf
　　　※付録3は、元資料を読みやすいように整形してあります。
||||||||||||||||||||||||||||||||||||||||||||||||||||||||||||||||||||||||||||||||||

参考文献

- 「第5次エネルギー基本計画」　資源エネルギー庁　2018年
- 「第4次エネルギー基本計画」　資源エネルギー庁　2014年
- 「長期エネルギー需給見通し」　資源エネルギー庁　2015年
- 「エネルギー情勢懇談会提言」　エネルギー情勢懇談会　2018年
- 「再生可能エネルギー大量導入・次世代電力ネットワーク小委員会中間整理」　資源エネルギー庁　2018年
- 「エネルギー白書」　資源エネルギー庁　2017年、2018年
- 「World Energy Outlook　2017」　IEA　2017年
- 「トランザクティブエナジー」　スティーブン・バラガー／エドワード・カザレット著、山家公雄監訳　2018年　エネルギーフォーラム
- 「再生可能エネルギー政策の国際比較　-日本変革のために-」　植田和弘／山家公雄編著　2017年　京都大学学術出版会
- 「アメリカの電力革命」　山家公雄編著　2017年　エネルギーフォーラム
- 「ドイツエネルギー変革の真実」　山家公雄著　2015年　エネルギーフォーラム
- 「日本海風力開発構想　-風を使い地域を切り拓く-」　山家公雄編著　2015年　エネルギーフォーラム
- 「再生可能エネルギーの真実」　山家公雄著　2013年　エネルギーフォーラム
- 「今こそ、風力」　山家公雄著　2012年　エネルギーフォーラム
- 「エネルギー復興計画　-東北版グリーンニューディール政策-」　山家公雄著　2011年　エネルギーフォーラム
- 「迷走するスマートグリッド　-誰も書かなかった次世代インフラの本質-」　山家公雄著　2010年　エネルギーフォーラム
- 「オバマのグリーンニューディール」　山家公雄著　2009年　日本経済新聞社
- 「ソーラーウォーズ」　山家公雄著　2009年　エネルギーフォーラム

- 「北米大停電」 山家公雄著 2004年 日本電気協会新聞部
- 「電力自由化のリスクとチャンス」 山家公雄著 2001年 エネルギーフォーラム
- 「電力（日経産業シリーズ）」 飯倉穣編著 1990年 日本経済新聞社
- 「新しい火の創造」 エイモリー・B・ロビンス／ロッキーマウンテン研究所著 2012年 ダイヤモンド社
- 「ヨーロッパの電力・ガス市場」 トマ・ヴェラン／エマニュエル・グラン著 山田光監訳 2014年 日本評論社
- 「発送分離は切り札か -電力システムの構造改革-」 山田光著 2012年 日本評論社
- 「役割が広がる日本電力卸取引市場」 國松亮一 2017年 京都大学再生可能エネルギー経済学講座シンポジウム講演資料
- 「日本とドイツのエネルギー政策：福島原発事故後の明暗を分けた正反対の対応」 エイモリー・ロビンス 2014年 自然エネルギー財団コラム
- 「『エネルギー情勢懇談会提言』で日本は闘えるか」 諸富徹 2018年 京都大学再生可能エネルギー経済学講座コラム
- 「送電線に『空容量』は本当にないのか？」 安田陽／山家公雄 2017年 京都大学再生可能エネルギー経済学講座コラム
- 「エネルギー基本計画考察①〜⑨」 山家公雄 2017〜2018年 京都大学再生可能エネルギー経済学講座コラム

著者紹介

山家 公雄 (やまか きみお)

エネルギー戦略研究所所長、京都大学大学院経済学研究科特任教授、豊田合成（株）取締役、山形県総合エネルギーアドバイザー。

1956年山形県生まれ。1980年東京大学経済学部卒業後、日本開発銀行（現日本政策投資銀行）入行。電力、物流、鉄鋼、食品業界などの担当を経て、環境・エネルギー部次長、調査部審議役などに就任。融資、調査、海外業務などの経験から、政策的、国際的およびプロジェクト的な視点から総合的に環境・エネルギー政策を注視し続けてきた。2009年からエネルギー戦略研究所所長。

主な著作として、「アメリカの電力革命」、「日本海風力開発構想―風を使い地域を切り拓く」、「再生可能エネルギーの真実」、「ドイツエネルギー変革の真実」（以上、エネルギーフォーラム）、「オバマのグリーン・ニューディール」（日本経済新聞出版社）など。

◎本書スタッフ
アートディレクター/装丁： 岡田 章志＋GY
編集協力： 須藤 晶子
デジタル編集： 栗原 翔

●お断り
掲載したURLは2018年9月30日現在のものです。サイトの都合で変更されることがあります。また、電子版ではURLにハイパーリンクを設定していますが、端末やビューアー、リンク先のファイルタイプによっては表示されないことがあります。あらかじめご了承ください。
●本書の内容についてのお問い合わせ先
株式会社インプレスR&D　メール窓口
np-info@impress.co.jp
件名に『『本書名』問い合わせ係』と明記してお送りください。
電話やFAX、郵便でのご質問にはお答えできません。返信までには、しばらくお時間をいただく場合があります。なお、本書の範囲を超えるご質問にはお答えしかねますので、あらかじめご了承ください。
また、本書の内容についてはNextPublishingオフィシャルWebサイトにて情報を公開しております。
https://nextpublishing.jp/

●落丁・乱丁本はお手数ですが、インプレスカスタマーセンターまでお送りください。送料弊社負担に てお取り替えさせていただきます。但し、古書店で購入されたものについてはお取り替えできません。

■読者の窓口
インプレスカスタマーセンター
〒101-0051
東京都千代田区神田神保町一丁目 105番地
TEL 03-6837-5016／FAX 03-6837-5023
info@impress.co.jp

■書店／販売店のご注文窓口
株式会社インプレス受注センター
TEL 048-449-8040／FAX 048-449-8041

「第5次エネルギー基本計画」を読み解く
その欠陥と、あるべきエネルギー政策の姿

2018年10月19日　初版発行Ver.1.0（PDF版）

著　者　山家 公雄
編集人　宇津 宏
発行人　井芹 昌信
発　行　株式会社インプレスR&D
　　　　〒101-0051
　　　　東京都千代田区神田神保町一丁目 105番地
　　　　https://nextpublishing.jp/
発　売　株式会社インプレス
　　　　〒101-0051　東京都千代田区神田神保町一丁目105番地

●本書は著作権法上の保護を受けています。本書の一部あるいは全部について株式会社インプレスR&Dから文書による許諾を得ずに、いかなる方法においても無断で複写、複製することは禁じられています。

©2018 Kimio Yamaka. All rights reserved.
印刷・製本　京葉流通倉庫株式会社
Printed in Japan

ISBN978-4-8443-9857-8

Next Publishing®

●本書はNextPublishingメソッドによって発行されています。
NextPublishingメソッドは株式会社インプレスR&Dが開発した、電子書籍と印刷書籍を同時発行できるデジタルファースト型の新出版方式です。https://nextpublishing.jp/